KB126799

디지털 스몰 자이언츠

디지털 스몰 자이언츠

디지털 강소기업을 향한 위대한 도전

노규성 지음

◈ 차례

◆ 프롤로그 ◆

최근 많은 기업들이 경영의 어려움을 토로한다. 저성장, 경기 하락, 원자재 가격 상승, 인건비 상승, 구인난, 자금난으로 사업 환경은 더욱 어려워지고 미래에 대한 불안감이 증가하고 있다는 것이다. 어제오늘의 일은 아니지만, 많은 중소기업이 더욱 힘든 상황을 견뎌내고 있는 것이다.

이런 와중에 '4차 산업혁명'이 가속화되고 있다는 뉴스가 매일같이 들려온다. 그리고 그것을 구현하는 것이 '디지털 트랜스포메이션Digital Transformation'이라고들 한다. 잘 모르겠고 와닿지도 않는다. 그런데 옆 공장에서 스마트팩토리를 도입해 성과를 보고 있다고 한다. 거래처에서는 ERP를 클라우드 기반으로 도입해 빠른 시일 내에 거래 처리와 대금 결제를 인터넷으로 하고자 한다. 이런 변화를 보면 무엇인가 서둘러야 할 것 같긴 하다.

그런데 당장 일 처리가 급하고 투자할 자금 여력도 없다. 그렇다. 늘 어렵게 경영해온 CEO 입장에서는 미래를 고민하고 준비하는 것 자체가 고통일지 모른다. '디지털 트랜스포메이션'은 실제 큰 부담으로 느껴질 수 있다.

그러나 시장에서는 뉴 노멀 테크놀로지New Normal Technology, 즉 빅데이터, 인공지능, 모바일 기술, 소셜네트워크, 사물인터넷IOT, 3D 프린팅, 증강현실AR, 가상현실VR 등의 기술에 기반한 새로운 비즈니스 모델이 등장하고 있다. 또 새로운 제품과 서비스도 속속 등장하고 있다. 이에 따라 기존 비즈니스에 새로운 변곡점이 생기는 한편, 사업이 크게 위협을 받거나 쇠락해가는 모습도 볼 수 있다.

새로운 제품과 서비스를 경험한 고객은 결코 이전으로 돌아가지 않는다. 기존 비즈니스에 익숙한 기업들이 고객의 성향 변화에 맞춘 새 비즈니스 모델을 찾기란 쉽지 않지만, 이는 기업의 생존이 달린 문제가 되었다. 그렇기에 어렵더라도 '디지털 트랜스포메이션'이라는 변화의 키워드에 대해 심각하게 고민하고 이를 기반으로 하루속히 혁신을 추진해야 할 것 같다.

디지털 트랜스포메이션은 '디지털 기술을 이용해 새로운 가치를 창출하는 것'을 말한다. 이때 주요 키워드는 융합, 연결, 협업, 생태계, 데이터, 지능화, 개인화, 플랫폼 등이다. CEO들에게 "왜 디지털 트랜스포메이션이 필요한가?"라고 질문하면 대부분 적절히 대답하지 못한다. "경영 환경 변화 때문에" 또는 "많은 회사가 하고 있으므로" 등 원론적인 말에 그치곤 한다. 물론 '무언가 하지 않으면 안 된다'는 압박감과 절박함도 있을 것이다.

그러나 '왜 디지털 트랜스포메이션인가?'라는 질문에 대한 답변은 매우 간단하다고 본다. 앞에서 보았듯이, 디지털 기술 기반으로 업무 프로세스의 생산성이 높아지는가 하면, 새로운 제품과 서비스에 대한 고객의 니즈가 증가하고 있기 때문이다. 기술이 아니라 비즈니스 수행과 가치 창출을 위해 디지털 트랜스포메이션이 필요한 것이다. 즉 디지털 기술과 솔루션을 활용해 '비즈니스 모델을 어떻게 바꿀 것인가?', '업무 효율성을 어떻게 높일 것인가?', '고객 경험을 어떻게 제고할 것인가?'를 고민해야 하는 것이다.

이제부터는 철저히 비즈니스의 현 상황을 돌아보고, '비즈니스'와 '고객'

중심의 새로운 가치를 생각해야 한다. 경험과 직관에 의존하던 기존 경영 방식을 데이터 분석에 기반한 과학적 경영으로 전환해야 한다. 디지털 혁신의 전 과정에서 항상 데이터가 중심에 있다. 경영진은 데이터에 기반한 분석 리더십을, 조직 구성원들은 데이터를 수집, 가공, 분석할 수 있는 역량과 데이터 마인드를 함양해야 한다.

디지털 리더십으로 무장한 경영진은 디지털 비전을 만들어야 한다. 또한 디지털 기술과 솔루션을 활용해 비즈니스 모델을 바꿀 것인지, 업무 효율성을 높일 것인지, 고객 경험을 제고할 것인지를 결정해야 한다. 이러한 과제를 실행하기 위해서는 적절한 조직, 인력, 제도, 자원이 필요하다.

변화의 여정은 무척 도전적이거나 고통을 수반할 수 있다. 그러나 생생하고 명확한 비전과 목표는 구성원들의 열정을 불러일으키고, 성공을 경험하게 함으로써 자신감 고취는 물론 조직의 문화까지 변화시킬 것이다.

그렇다면 디지털 트랜스포메이션을 어떻게 실행할 것인가? 어렵고도 큰 질문이다. 특히 중소기업은 전문 인력이 부족하고 투자 여력에도 한계가 있다. 디지털에 대한 이해와 경험 또한 부족하다. 이러한 상황에서 '중소기업이 이 새로운 과업을 어떻게 실행할 수 있을까?'에 대해 답하고자 이 책을 집필하게 되었다. 중소기업들은 현재 직면한 문제에 대해 좀 더 근본적으로 접근해야 한다. 물론 쉽지 않은 상황에서 새로운 도전을 하는 것이 막막할 수도 있다. 그러나 이러한 인식부터 과감히 전환해야 한다.

이 책에서는 혁신적인 아이디어와 디지털 기술을 접목함으로써 새로운 가치를 창출하고 있는 기업들을 소개한다. 이들은 리더의 강한 의지와 결단, 톱다운에 기반한 디지털 비전과 목표 제시, 과제 도출 및 우선순위 정리, 구성원들의 학습 역량 강화 등을 통해 변화를 꾀했다. 지금까지 중소기업의 가장 큰 장애 요인은 전문 인력 및 기술과 자금의 부족보다는 변화에 대한 두려움과 문제의식의 부재였다. 많은 중소기업의 CEO가 불굴의 기업가 정신으로 사업을 이뤄온 것처럼, 새로운 디지털 텃밭을 일궈나갈 자신감을 가지고 첫걸음을 내딛는다면 절반은 성공한 셈이다.

이 책은 디지털 기술에 대한 설명보다 비즈니스에서 디지털 기술이 어떻게 활용되는지에 더욱 집중한다. 디지털 트랜스포메이션을 준비하거나 시작하려는 많은 중소기업이 참고할 수 있도록 하기 위해서다. 디지털에 대한 이해, 환경 변화에 따른 디지털의 영향도, 다양한 비즈니스 모델과 사례, 실행을 위한 체크 포인트와 방법론, 변화에 적응하기 위한 팁 등은 기업에게 실질적인 도움이 될 것이다. 또한 국내 중소기업에 국한하지 않고 글로벌 기업까지 범위를 확장해 좋은 예시를 두루 살펴보았다.

디지털 트랜스포메이션은 어렵지만 위대한 도전이다. 이를 기회로 삼을지 방치할지는 선택의 문제다. 그러나 방치했다가 닥치는 위험은 오롯이 CEO가 책임져야 할 몫이다. 중소기업 CEO들이 이 책의 마지막 장을 덮는 순간 '우리도 할 수 있다'는 희망과 의지를 불태울 수 있었으면 한다. 그리고 새로운 시대에 비즈니스의 성장은 물론 사회적 가치를 실현하고 인류의 번영에 기여하는 위대한 기업으로 거듭날 수 있기를 간절히 바라고 응원한다.

2019년 12월

한국생산성본부 회장 노규성

DIGITAL
SMALL
GIANTS

PART 1

중소기업의 난제, 디지털로 푼다

"만약 외부의 변화 속도가 우리 내부 변화 속도를 앞지르고 있다면,
끝이 바로 우리 코앞에 와 있음을 알아야 한다."

—

잭 웰치, 제너럴일렉트릭 전 회장

중소기업 CEO 김혁신 대표, 어려운 경영에 돌파구가 필요하다

자동차 부품을 생산하는 매출 600억 원대 중소기업 성장부품주식회사의 김혁신 대표는 요즘 고민이 많습니다. 내수 침체 장기화, 원자재 가격 급등, 자금조달난, 구인난 등으로 최근 경영 상태가 악화되고 있기 때문입니다. 연이은 최저임금 인상에 따른 인건비 상승으로 수익성은 낮아지고, 납품단가 인하에 따른 압박도 심해지고 있습니다. 게다가 납품하는 대기업과의 하도급 계열관계 탓에 운신의 폭 또한 넓지 않습니다.

그동안 성장부품주식회사는 기술력을 인정받아 강소기업 인증도 받았고, 대외적으로는 품질 인증을 받으면서 노력의 결실도 보아왔습니다. 그러나 최근 들어 외부 환경은 물론, 경영 여건도 무척 나빠졌습니다. 고객사의 품질 요구 사항은 더욱 까다로워지고, 자재 구매단가가 계속 오르면서 제조원가도 덩달아 올라 미래가 불투명합니다. 품질과 납기조건을 맞추려면 일손이 더 필요한데 인력을 구하기도 힘든 상황입니다.

김혁신 대표는 이 어려움을 타개하고자 원가 절감과 생산성 혁신, 신제품 개발 및 기존 제품 고도화, 해외시장 개척 등의 과제를 정하고 혁신을 준비하게 되었습니다. 이 과정에서 중요한 것은 자체 경쟁력을 확보해야 한다는 점입니다. 외부에서는 4차 산업혁명과 디지털 트랜스포메이션에 대한 이야기가 한창이고, 각종 디지털 기술을 잘 활용해야 생존할 수 있다는 말도 들려옵니다. 이렇듯 급격한 비즈니스 환경 변화는 김혁신 대표를 더 불안하게 만듭니다.

이제는 디지털 기술 활용을 남의 얘기로만 넘길 수 없다는 느낌이 듭니다. 전기차가 내연기관 자동차를 대체하면 자동차 부품 협력사는 설 자리가 사라지고, 자율수행자가 대중화되면 기존 자동차 산업은 재편될 수밖에 없기 때문입니다.

상황이 이렇지만 조직 내에서 리더와 구성원의 생각이 다르고, 대부분 변화와 혁신을 귀찮고 두렵게 생각하는 듯 보입니다. 김혁신 대표는 이러한 현실을 과감하게 돌파하려 합니다. 더 이상 혁신을 늦출 수 없다는 생각 때문입니다.

이번 장에서는 김혁신 대표의 다음 고민을 해결하기 위한 디지털 혁신에 대해 살펴보고자 합니다.

- 세상은 어떻게 변화하고 있는가?
- 디지털 기술의 변화가 기업 경영에 어떠한 영향을 미칠 것인가?
- 중소기업의 난제들을 디지털 혁신으로 해소할 수 있는가?
- 디지털 혁신으로 성공한 기업들은 무엇을 준비하고 실행했는가?
- 중소기업에서 디지털 혁신을 성공시킬 방안은 무엇인가?

· CHAPTER 01 ·

디지털은 어떻게 세상을 바꾸는가?

디지털, 새로운 세상의 유전자

현재 세상을 바꾸고 있는 디지털 기술은 '블랙스완(검은 백조, The Black Swan)*'을 연상시킬 만큼 파괴적이다. 모바일, 소셜네트워크, 빅데이터, 사물인터넷, 인공지능, 3D 프린팅, 블록체인, 클라우드, 증강현실, 가상현실 등의 디지털 기술은 사람들의 일상생활은 물론 비즈니스를 완전히 바꿔놓고 있다.

디지털 기술 기반 신생기업들이 등장한 지 불과 10여 년도 지나지 않아 거대한 글로벌 공룡들이 차지하던 놀이터는 쑥대밭이 되었다. 규모의 경제가 지배하던 비즈니스 규칙이 서서히 종말을 고하고 있는 것이다. 이로써

* **블랙스완** 일어날 확률이 극히 낮지만 만약 발생할 경우 시장에 엄청난 충격을 몰고 오는 사건

현재 잘나가는 비즈니스 모델이 향후 어떠한 혁신적인 비즈니스 모델로 완전히 대체될지 예측하기 어려워졌다.

디지털 혁명은 이미 우리의 삶 깊은 곳에 자리 잡아가고 있다. 영국의 경제 주간지 『이코노미스트The Economist』는 '포노 사피엔스Phono Sapiens'라는 용어를 처음 소개했다. 디지털 혁명으로 탄생한 포노 사피엔스는 스마트폰을 신체의 일부처럼 사용하는 새로운 인류를 지칭한다. 포노 사피엔스는 스마트폰으로 은행 업무를 보고, 모바일 쇼핑을 즐기며, TV 대신 유튜브를 본다. 또한 스마트폰을 이용해 검색, 인스턴트 메신저, 게임, 영화 감상 등을 하며 사람들과 소통하고 엔터테인먼트를 즐긴다. 디지털 기술이 사람들의 금융, 쇼핑, 미디어 소비 행태를 완전히 바꿔놓고 있는 것이다.

포노 사피엔스는 새로운 시대의 고객으로, 집단적 소비 행동에 변화를 가져오고 제품과 서비스 공급망을 뒤흔든다. 나아가 세계적으로 문화, 경제, 사회, 정치를 움직이고 문명의 표준이 되어 비즈니스 생태계를 재편한다. 『이코노미스트』는 "포노 사피엔스가 문명을 바꾸고 있다"고 말했다.

디지털 혁명의 현장을 데이터로 살펴보자. 국내 플랫폼별 뉴스 이용률을 보면 TV, 종이신문, 라디오, 잡지 등 전통적인 매체의 뉴스 이용률은 지속적인 감소세를 보이지만, 모바일 뉴스 이용률은 2011년 19.5%에서 2017년 73.2%로 크게 증가했다. 또한 TV 시청 시간은 지속적으로 감소하지만 유튜브 시청 시간은 지난 2년 동안 3배 이상 성장하며 한 달 평균 260억 분을 넘어섰다. 유튜브는 현재 이용자가 가장 오래 사용하는 앱 1위를 차지하고 있다.

국내에서 소셜네트워크는 현재 3천 1백만 명 이상이 사용하며, 20대의 89%, 30대의 80.6%, 40대의 67.4%, 50대의 49.3%가 사용하는 것으로 나타났다. 스마트폰 앱을 통한 음식 배달 이용액은 최근 5년 새 10배가 증가해 3조 원을 넘어섰고, 배달 앱 사용자는 2천 5백만 명에 달한다.

국내 4대 시중은행 지점 수는 2012년 말 기준 3,780개에서 2018년 기준 3,097개로 지속적으로 감소한 반면, 인터넷뱅킹 이용자 중 모바일뱅킹 이용 비중은 92.4%에 달한다. 또한 모든 금융서비스를 온라인에서 제공하는 인터넷 전문은행이 출범하는 등 온라인 금융 이용률은 지난 몇 년간 큰 폭의 증가세를 이어오고 있다.

한편, 국내 백화점과 대형마트 이용률은 지난 5년간 지속적으로 낮아졌다. 2014년과 2018년을 기준으로 백화점은 25.2%에서 18.8%로, 마트는 27.8%에서 22.1%로 하락세가 뚜렷하다. 반면 온라인 쇼핑은 연평균 17.4% 성장하며(그림 1.1), 현재 총 이용액이 연간 100조 원에 육박하고 있다.

또한 디지털 사용 통계에 따르면 전 세계 인구의 53% 이상이 인터넷을,

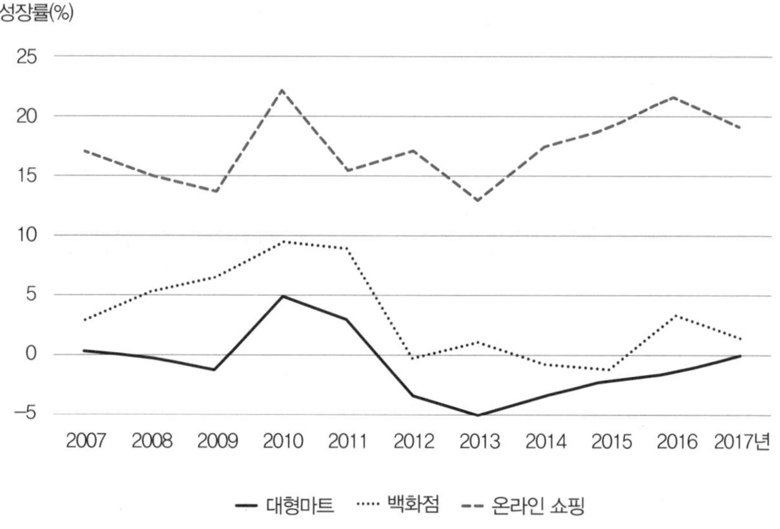

그림 1.1 온라인과 오프라인 유통업 전년 대비 성장률 추이(자료: 통계청, 산업통상자원부)

42%가 소셜네트워크를, 68%가 모바일을 사용하고 있다(2018년 기준). 이러한 변화에 발맞춰 기업들은 각종 디지털 기술을 이용해 발빠르게 대응하고 있다. 구글, 페이스북, 아마존, 넷플릭스 등의 기업은 모바일이나 소셜네트워크를 통해 고객 경험을 증대시키고 플랫폼 기반 사업 모델을 만들었다. 더불어 빅데이터와 클라우드, 인공지능 기술을 접목해 기존 시장의 질서를 바꿔 놓았다. 이들이 이룬 성과는 이 기업들의 시장가치의 변화 추이를 보면 잘 알 수 있다(그림 1.2).

조사에 따르면, 기업의 87%는 디지털 혁신을 경쟁력 확보의 기회로 보고 있으며, 81%는 디지털 성숙도가 차별화 요소라고 인식한다. 또한 90% 이상은 디지털 혁신이 생산성을 증대시키고 일하는 방식을 크게 변화시킬 것

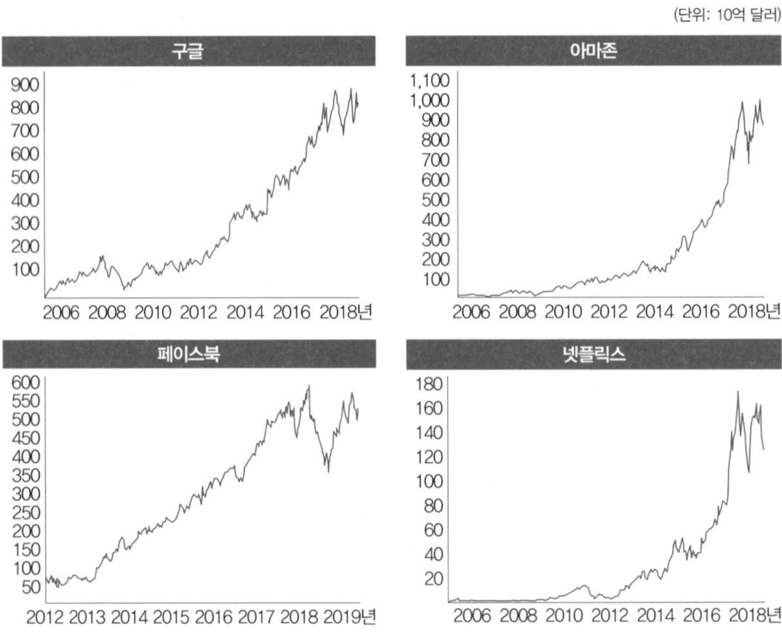

그림 1.2 주요 기업의 시장가치 변화 추이(자료: macrotrends)

이라고 믿는다.

그러나 이러한 인식과는 다르게, 경영진의 36% 이상은 현재 자신의 회사가 디지털 트렌드에 효과적으로 발맞추지 못하고 있다고 답했으며, 단 26%만이 디지털 기술의 가치 창출 잠재성을 충분히 인식하는 것으로 나타났다. 이는 디지털 혁신을 통한 기회가 많지만, 기업들에게는 우선 해결해야 할 과제가 남아 있음을 의미한다.

디지털 기술의 발전 및 적용

그렇다면 디지털 혁신은 어떤 단계를 통해 이뤄질까?

1단계는 디지타이제이션Digitization이다. 이는 아날로그가 디지털화되는 것을 의미한다. 예를 들어, 디지털 카메라를 가지고 어떤 풍경을 사진이나 동영상으로 촬영하는 것이 디지타이제이션이다. 즉 문서, 그림, 풍경, 소리 등이 디지털 데이터로 전환되는 것을 뜻한다. 1990년대 말 음악이 디지털 음원으로 출시된 것도, 종이에 작성하던 서류가 컴퓨터 소프트웨어에 의해 작성되고 저장되는 것도 디지타이제이션의 전형적인 형태다.

2단계는 디지털라이제이션Digitalization이다. 이는 디지털 기술을 통해 비즈니스 수행과 관련된 데이터를 통합하고 공유해 프로세스를 효율화하는 것을 의미한다. 인터넷의 발달로 전자상거래가 확산되는 것이 디지털라이제이션의 대표적인 사례다. 기업 내에서 거래 처리와 운영 처리를 위해 다양한 내·외부 프로세스를 통합하는 ERP(Enterprise Resource Planning, 전사적자원관리), SCM(Supply Chain Management, 공급망관리), CRM(Customer

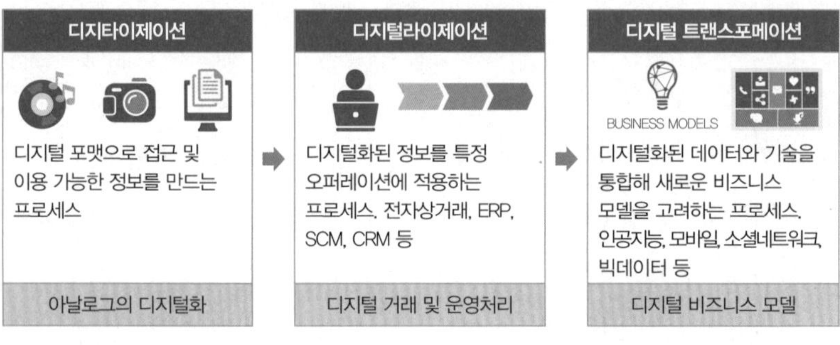

그림 1.3 디지털 혁신의 3단계

Relationship Management, 고객관계관리)을 도입하는 것도 이에 해당된다.*

3단계는 디지털 트랜스포메이션 Digital Transformation이다. 디지털 기술로 인해 비즈니스나 프로세스에 '탈바꿈'이 일어나는 것을 의미한다. 리서치 기관인 IDC는 디지털 트랜스포메이션을 "기업이 새로운 비즈니스 모델, 제품, 서비스를 창출하기 위해 디지털 역량을 활용해 고객 및 시장(외부 생태계)의 파괴적인 변화에 적응하거나 변화를 추진하는 지속적인 프로세스"라고 정의했다. 즉 디지털 트랜스포메이션은 '새로운 디지털 기술을 활용해 비즈니스를 획기적으로 바꾸는 활동'이다.

2단계의 디지털라이제이션과 3단계의 디지털 트랜스포메이션은 완벽히 구별되지는 않는다. 그러나 디지털 트랜스포메이션이 좀 더 고도화된 디지털 기술이며 비즈니스 모델과 상품 및 서비스 개발에서 더욱 파괴적인 혁신을 꾀한다는 점에서 다르다. 2단계가 일부 미비해도 3단계인 디지털 트랜스포메이션으로 도약하는 것이 불가능하지는 않다. 그러나 2단계의 기반이 전혀 없다면 3단계를 진행하는 과정에서 한계에 부딪힐 수밖에 없을

---

* 자세한 내용은 134쪽 참조

것이다.

그렇다면 디지털화 1, 2, 3단계를 포괄하는 개념인 디지털 혁신은 산업과 비즈니스에 어떻게 나타나고 있을까?

먼저, 디지털 혁신은 산업의 디지털화를 촉진하고 있다. 산업별로 차이는 있지만, 기존의 ICT(정보통신기술) 산업은 물론 타 산업까지 디지털화가 전반적으로 확산되고 있다. 과거의 디지털 기술은 주로 ICT 산업에 집중되었고, 비 ICT 산업에서는 주 사업의 효율을 높이기 위한 보조 기술로 인식되었다. 그러나 최근에는 ICT 산업과 비 ICT 산업 간 경계가 허물어지면서 디지털 기술은 모든 산업에서 프로세스 전반의 경쟁력을 좌우하는 핵심 요소가 되었다(그림 1.4).

디지털 기술은 새로운 디지털 경제를 발전시키고 있다. 새로운 디지털 기술과 정보통신 네트워크의 급속한 발전 덕분에 거리와 시간의 장벽은 줄어들었고, 정보 획득의 한계와 정보 비대칭성*도 해소되는 추세다. 여기에 데이터 기반의 의사결정 과학화와 새로운 비즈니스 모델의 탄생 또한 가속화되고 있다.

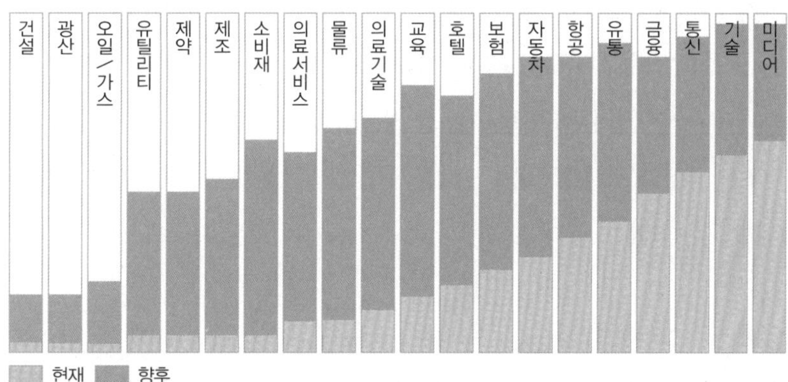

그림 1.4 산업별 디지털화 현황 및 전망(자료: Bain & Company)

이러한 변화는 '규모' 중심의 기존 비즈니스 규칙을 빠른 의사결정과 실행력, 유연성, 연결성, 지능화를 통한 '속도' 중심의 비즈니스 규칙으로 바꾸고 있다. 즉 '맞춤, 융합, 신속, 연결, 지능'이라는 키워드가 경제의 핵심으로 떠오른 것이다.

디지털 기술을 활용한 비즈니스 가치 제고

디지털 기술이 비즈니스에 주는 도움은 크게 세 가지로 요약할 수 있다. 그것은 첫째, 운영 효율성 제고, 둘째, 비즈니스 모델 혁신, 셋째, 고객 접점 효율화 및 고객 경험 증대이다.

운영 효율성 제고 디지털 기술과 솔루션은 기업의 운영 효율성에 크게 기여해왔다. 대표적으로 ERP와 SCM은 그동안 기업의 프로세스를 표준화하고 통합하도록 지원했다. 프로세스 통합은 하나의 업무 데이터 관리체계 하에서 최적의 신속한 업무처리와 의사결정을 가능하게 한다. 즉 구매부터 지급, 주문 접수부터 수금, 수요 예측부터 생산과 납품, 연구개발에서 상품화까지 기업의 업무처리 프로세스를 자동화해 생산성을 배가한 것이다.

또한 공급자 포털을 구성해 주문, 재고 관리, 발주, 출고 등 공급망을 최적화할 수 있었다. 이때 물류에서 돈의 흐름까지 모든 프로세스에 각종 정

---

* **정보 비대칭성** 각 거래 주체가 접근할 수 있는 정보의 차이 때문에 생긴 불균등한 구조로 인해 주체 간 정보 격차가 생기는 현상

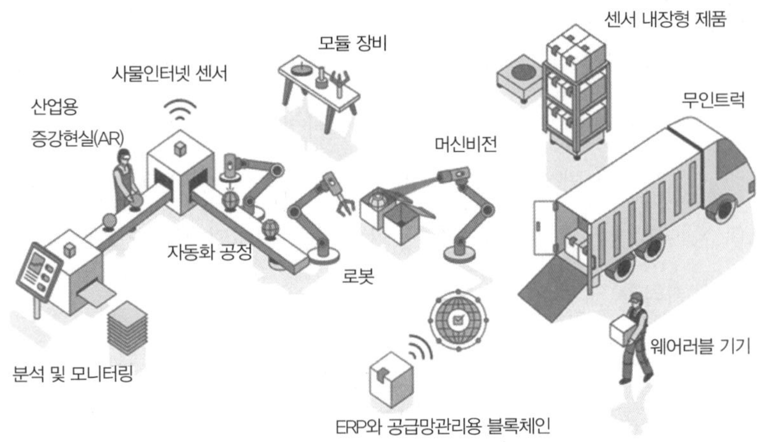

그림 1.5 미래 스마트팩토리의 모습(자료: CB Insights)

보를 통합해 데이터 정확성과 데이터 흐름의 추적성을 제공했다.

최근의 차세대 디지털 기술은 ERP 등에 비해 데이터를 더 효과적으로 획득하고 분석하며 지능화할 수 있는 환경을 제공한다. 예를 들어, 제조 현장에서는 스마트팩토리Smart Factory*가 고도화되면서 공장의 모듈화, 모니터링 및 피드백 최적화, 자율 운영까지 가능한 환경이 조성되고 있다(그림 1.5). 또한 정형화되고 반복적인 업무를 자동화하는 RPA(Robotic Process Automation, 로봇 프로세스 자동화)**의 등장으로 업무생산성과 효율이 극대화되고 있다.

비즈니스 모델 혁신 비즈니스 모델 혁신은 기존 혹은 다른 사업 방식의 혁

---

* **스마트팩토리** 설계, 개발, 제조, 유통, 물류 등 생산과정에 사물인터넷, 로봇, 인공지능, 빅데이터 등 고도화된 디지털 기술을 적용한 지능형 생산공장

** **RPA** 사람이 반복적으로 처리해야 하는 단순 업무를 소프트웨어 로봇을 통해 자동화하는 솔루션

신을 통해 새로운 가치를 창출하고 획득하는 방식이다. 이러한 혁신은 상품 가격을 변경하거나 유통 채널을 다양화하고, 제조 프로세스의 조정을 가능하게 만들어 기업가치를 높인다. 이 과정에서 디지털 기술은 새로운 비즈니스 모델의 탄생을 가속화한다. 우버, 넷플릭스, 아마존, 구글, 페이스북, 에어비앤비 등 플랫폼 기업들의 부상은 디지털 기술에 기반한 비즈니스 모델의 혁신 덕분이다.

예를 들어, 구글은 검색 알고리즘 기반으로 개발한 획기적인 검색엔진을 일반 사용자들에게 무료로 이용하도록 제공했다. 동시에 기업들에게는 일반 사용자들의 검색 데이터를 활용해 맞춤형 광고를 할 수 있도록 했다. 결과적으로 구글은 검색엔진을 통해 일반 사용자, 기업(광고주), 구글 모두에게 가치를 제공하는 효과적인 비즈니스 모델을 만들어낸 것이다.

한편, 기존 비즈니스 모델에 디지털 기술을 접목해 가치를 제고한 사례도 있다. 자라ZARA는 디지털 기술을 활용해 기존 패션업계의 전형적인 비즈니스 관행을 파괴하면서 패스트 패션의 선두주자가 되었다. 자라는 유행 예측, 패션쇼, 다음 연도 제품 출시라는 기존 관행을 깨고 2주 만에 새로운 패션을 창조하는 패스트 패션을 만들어냈다. 이는 매장에 있는 POS 시스템*과 매장 점원이 시시각각 모든 고객 반응에 대한 데이터 분석을 통해 고객이 선호하는 디자인이 무엇인지 신속하게 파악하고, 공급망 최적화 알고리즘에 기반한 공급망관리 시스템을 가동함으로써 이뤄진다.

또한 디지털 혁신을 통해 기존 비즈니스 모델에서 파생되는 새로운 비즈

---

* POS 시스템 판매 시점(Point of Sales) 정보관리시스템으로, 물품을 판매한 바로 그 시점에 바코드의 자동 판독을 통해 판매 정보를 획득, 가공, 전달하는 시스템

니스 모델을 만들기도 한다. 세계적인 화장품 회사인 로레알L'Oreal은 기존 화장품 비즈니스에 디지털 기술을 접목해 새로운 디지털 뷰티 시장을 창출했다. 안면 3D 맵핑 기술을 활용해 이용자가 가상으로 로레알 화장품을 사용해보고, 화장한 자신의 얼굴을 볼 수 있는 메이크업 지니어스Makeup Genius 앱이 대표적이다. 로레알은 앞으로 총매출의 20%를 디지털 부문에서 달성한다는 목표를 세우고, 디지털 기술을 중심에 둔 비즈니스 모델로 뷰티 시장에서의 경쟁력을 강화하고 있다.

이러한 글로벌 기업들의 사례에서 보듯, 같은 디지털 기술을 사용해도 각 기업의 비즈니스 모델 혁신 방식은 매우 다르게 나타난다.

고객 접점 효율화 및 고객 경험 증대 스마트폰, 소셜네트워크, 인스턴트 메신저 등 새로운 디지털 기술이 본격적으로 활용되면서 많은 기업들이 이를 경영에 이용하고 있다. 이들은 디지털 기술을 통해 얻은 빅데이터를 분석해 고객을 더 잘 이해하고 마케팅과 세일즈, 서비스에 활용한다. 디지털 환경에 고객이 남긴 흔적에 빅데이터와 인공지능 기술을 적용함으로써 고객의 생각과 구매 패턴, 선호도 등을 파악하고 새로운 제품이나 서비스를 추천할 수 있기 때문이다.

특히 모바일이나 소셜네트워크를 통한 홍보가 활발하게 이뤄지고 콜센터, 홈페이지, 소셜네트워크, 블로그 등 다양한 방면에서 고객 데이터를 얻을 수 있게 되면서 데이터를 통합해 분석할 필요성이 더욱 커지고 있다.

한편, 온·오프라인의 연계와 통합도 중요하다. 다양한 고객 접점 채널이 확대되면서 기업과 고객에게 효율성과 편리성을 부여했으나, 다양한 채널이 복잡하게 얽히거나 연결이 잘 되지 않으면 고객의 불만족으로 이어질 수 있다. 따라서 기업은 고객이 어떤 채널을 이용해도 불편함 없이 다른 채널로 연결되도록 연결성을 강화하고, 고객이 원하는 정보를 신속하고 정확하게 제공해야 한다. 고객 여정을 한 채널에서 다른 채널로 연결하는 옴니채널omni channel *의 효과적인 운영이 필요한 것이다.

디지털 기업, 세상을 평정하다

미국의 신용평가사 스탠더드 앤드 푸어스S&P의 기업수명 연구에 따르면, 1960년대 S&P500기업의 평균 수명은 약 30년이었지만 2020년대에는 절반 이하인 15년 미만으로 줄어들 것으로 예상된다. 특히 2020년 이후에는 기업의 수명 단축 속도가 가속화될 것으로 보이는데, 디지털 기술 등장에 의한 치열한 경쟁이 주요 원인으로 꼽힌다.

디지털 기술을 기반으로 부상한 기업들을 보자(표 1.6). 약 10년 사이에 글로벌 상위 10대 기업으로 올라온 기업(시장가치 기준)을 보면 많은 변화가 보인다. 10대 기업에 유일하게 남아 있는 기업은 마이크로소프트뿐이다. 눈여겨볼 만한 것은 2018년 기준 상위 10개 기업 중 3개를 제외하고는 모두 디지털 기술 기업이라는 점이다. 이는 모든 기업이 생존과 성장을 위해 디지털 기업으로의 전환을 서둘러야 함을 시사한다.

디지털 기술 기업들의 플랫폼 비즈니스 모델은 디지털 커뮤니티 및 마켓 플레이스 창출에 초점을 맞춘다.

---

* **옴니 채널** 이용자가 온라인과 오프라인 등의 채널을 넘나들며 상품을 검색하고 구매하게 하는 서비스

순위	2008년		2014년		2018년	
1	페트로차이나	석유	애플	디지털	애플	디지털
2	엑슨모빌	석유	엑슨모빌	석유	알파벳(구글)	디지털
3	제너럴일렉트릭	제조	마이크로소프트	디지털	아마존	디지털
4	중국이동통신	통신	버크셔 해서웨이	금융	마이크로소프트	디지털
5	마이크로소프트	디지털	구글	디지털	텐센트	디지털
6	중국공상은행	금융	페트로차이나	석유	페이스북	디지털
7	페트로브라스	석유	존슨&존슨	제조	버크셔 해서웨이	금융
8	로열더치쉘	석유	웰스파고	금융	알리바바	디지털
9	AT&T	통신	월마트	유통	J.P.모건	금융
10	P&G	제조	중국공상은행	금융	존슨&존슨	제조

표 1.6 기업가치 순위 변동과 디지털 기반 기업의 부상(자료: S&P, 파이낸셜타임스, CEOWORLD)

전략적 변곡점을 넘어서

파산 직전이었던 노벨Novell을 기적적으로 회생시킨 레이 누어다Ray Noorda는 "변화를 야기하면 이끌 수 있고, 변화를 받아들이면 생존할 수 있으나, 변화를 거부하면 죽음에 이르게 된다"라고 말했다. 또한 제너럴일렉트릭의 전 CEO 잭 웰치Jack Welch는 "만약 외부의 변화 속도가 우리 내부 변화 속도를 앞지르고 있다면, 끝이 바로 우리 코앞에 와 있음을 알아야 한다"라고 경고했다.

인텔의 전 CEO 앤드류 그로브Andrew Grove는 기업의 생존과 번영에 근본적인 변화가 일어나는 특정 시기를 전략적 변곡점SIP, Strategic Inflection Point이라는 용어로 규정했다(그림 1.7). 전략적 변곡점은 누구도 정확히 예측할 수는 없으나 경영자는 이 변화를 알아채고 변화에 적응하는 리더십을 갖춰야 한다. 변화에 성공하는 기업은 살아남아 번영을 누리고, 변화에 실패하는 기업은 도태되어 시장에서 사라진다. 옛 질서의 절대 강자가 새로운 질서에

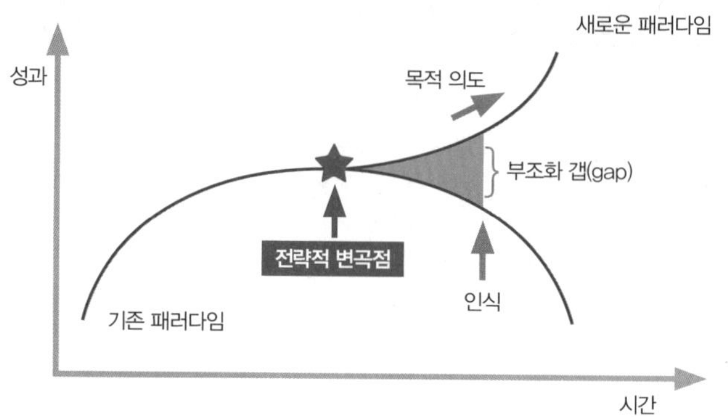

그림 1.7 전략적 변곡점

서도 그 지위를 지키기란 결코 쉽지 않다.

기존 패러다임은 경쟁, 기술, 고객, 공급자, 규제 등 여러 가지 요인에 의해 변화한다. 이러한 변곡점을 만드는 가장 큰 요인은 새로운 기술의 등장이다. 따라서 새로운 디지털 기술이 등장한 지금이야말로 전략적 변곡점의 시기라고 말할 수 있다. 전략적 변곡점의 시기가 기회인지 위기인지는 경영자의 대응 여하에 달려 있다.

전략적 변곡점을 만들고도 새로운 질서를 이끌지 못한 사례가 있다. 바로 영국의 레드 플래그 액트Red Flag Act이다. 19세기 말 영국에서는 세계 최초로 자동차를 출시했으나 당시 마차 업자들의 항의가 빗발치자 당국은 이들의 이권을 보호하려 레드 플래그 액트를 도입했다. 이 법에 따르면 자동차를 운행할 때는 앞서 걸어가는 기수가 든 붉은 깃발을 따라가야만 하고, 기수를 추월할 수 없기 때문에 속도를 낼 수 없었다. 결국 이러한 규제는 영국의 자동차 산업이 독일과 프랑스 등에 뒤처지게 하는 결과를 초래했다.

한편, 뉴욕 시내를 가득 채우던 마차가 자동차로 대체되기까지 걸린 기간은 불과 10년 남짓이다. 당시 많은 사람이 자동차가 마차를 결코 쉽게 대체하지 못할 것이라 생각했다. 마차 제조업자들은 정부에 로비를 해서 조례를 만들고, 자동차의 확산을 막으려 안간힘을 썼다.

그러나 결국 마차는 자동차로 완전히 대체되고 말았다. 그 이유는 무엇일까? 마차에 쓰이는 말은 비싸고 구하기도 어려웠다. 또한 마차로는 원거리 운송도 어려웠다. 반면 자동차는 빠르고, 장거리를 갈 수 있었다. 고장나면 고쳐서 다시 탈 수 있고, 먹이 걱정도 없었다. 비록 도로를 만들어야 한다는 불편함은 있었지만, 한 번 만든 도로는 강력한 인프라로서 힘을 발휘했다. 결국 자동차가 경제성과 효율성 측면에서 훨씬 우수했기 때문에 마차를 대체한 것이다.

이러한 이야기는 새로운 디지털 기술과 마주한 우리의 모습을 돌아보게 한다. 수많은 혁신 기술이 쏟아져나오고, 디지털 기술에 의한 변화는 생각보다 훨씬 더 빠르다. 특히 인공지능과 블록체인 등은 기존 인프라와 플랫폼을 완전히 뒤바꿀 가능성까지 품고 있다. 새로운 디지털 기술이 접목된 상품과 서비스가 고객을 더욱 만족시키고, 더 높은 효율성과 생산성 및 새로운 부가가치를 창출한다면 모두가 새로운 패러다임을 받아들일 수밖에 없다. 지금 변화를 받아들이지 못하는 기업은 결국 도태될 것이다.

· CHAPTER 02 ·

중소기업, 디지털로 강해진다

대기업은 중소기업에 비해 디지털 기술 활용을 둘러싼 관심도가 높고 전문 인력, 자금 확보 및 투자 여건이 좋다. 따라서 내부에서 혁신 조직의 구성 및 활용, 다양한 디지털 기술 도입 등이 활발하게 이뤄지는 편이다. 작은 스타트업 또한 어려운 여건에서도 디지털 기술을 토대로 한 새로운 제품이나 서비스 및 비즈니스 모델을 구상하고, 디지털 생태계 형성을 위해 열심히 뛰고 있다.

반면 우리나라 전체 기업 수와 고용의 대부분을 차지하고 있는 중소기업의 디지털화는 사정이 좀 다르다. 사실 중소기업의 경쟁력을 높이지 않으면 대한민국 경제에 새로운 도약의 전기를 마련하기 어렵다는 인식은 이미 널리 퍼져 있다. 중소기업의 생산성을 3%만 올려도 한국 경제는 엄청난 부가가치를 얻을 수 있으며, 중소기업이 직면하는 문제의 10%만 해결해도 큰 혁신 효과를 거둘 것이다.

그러나 정부의 다양한 지원책과 중소기업 CEO들의 고군분투에도 불구하고, 우리 중소기업은 생존과 성장에 어려움을 겪고 있다. 디지털화 역시 상대적으로 매우 저조한 상황이다.

중소기업의 현실과 과제

현재 중소기업은 내수 부진, 제조원가 상승, 인재 확보의 어려움, 환율 불안 및 해외시장 경쟁 격화 등 고질적인 과제에서 빠져나오지 못하고 있다. 이와 더불어 주 52시간 근무제 의무 시행과 연이은 최저임금 인상은 부담을 더욱 가중시키고 있다. 그럼에도 중소기업의 임금 수준은 대기업의 약 63%로, 우수 인력 유치에 큰 어려움을 겪고 있다.

중소기업은 생산성 측면에서도 문제를 안고 있다. 기업의 규모가 클수록 자본 및 기술 집약적 생산시설을 갖출 여력이 있으므로 중소기업과 대기업 간의 생산성 격차는 당연해 보일지 모른다. 그러나 한국의 경우 그 정도가 심하다. OECD 주요국 대부분은 중소기업의 생산성이 대기업의 50 이상이다(대기업 100 기준). 그러나 한국은 부가가치 측면에서 보면 대기업 대비 중소기업의 노동자 1인당 생산성은 32.5에 불과하고, 중소기업의 전년 대비 노동생산성 성장률은 1982년 15.5%, 1992년 23.7%였으나 2015년에는 0.5%로 정체 상태다.

중소기업의 생산성 정체 문제는 인재 확보의 어려움, 높은 금리에 의존하는 자금 확보 방식, 인력 및 자금력 부족에 따른 연구개발 및 시설 투자 미흡, 기술개발 인프라 미비 등에서 비롯된 악순환에 기인한다.

중소기업이 안고 있는 이러한 많은 과제를 해결하려면 법과 제도의 뒷받침이 필요하지만, 기업 내부에서의 노력도 절실하다. 특히 디지털 경제 시대로 돌입하면서 산업 구조 변화와 함께 중소기업의 위상과 역할 변화에 발맞춰 디지털화에 의한 운영 효율성 제고, 새로운 비즈니스 모델 개발, 새로운 제품과 서비스의 개발, 마케팅 강화 등이 절실하다.

중소기업의 디지털화 현황

급격히 변하는 환경에서는 디지털 기술로 무장한 중소기업이 부상하며, 보다 많은 역할을 담당할 것이다. 특히 디지털 역량을 갖춘 중소기업은 고객의 필요에 기반한 플랫폼 중심의 맞춤형 서비스를 통해 각각의 소비자에게 적절한 가치를 제공할 것이다. 소비자 경험을 극대화하기 위해 데이터 중심의 서비스와 제품을 개발하고, 각 제품과 서비스는 소비자에 맞춰 개별화, 개인화, 유연화, 지능화될 것이다.

나아가 이러한 역량을 갖춘 중소기업은 디지털 시대에 특화된 서비스 제공 주체로 도약할 것이다. 이로써 중소기업은 대기업과의 수직적인 '종속 관계'에서 수평적인 '참여와 협력 관계'로 거듭날 기회를 잡을 수 있을 것이다.

그렇다면 우리나라 중소기업은 디지털 혁신에 대해 얼마나 이해하고 있으며, 이에 대한 준비는 얼마나 되어 있을까?

OECD 자료에 따르면, 국내 중소기업의 디지털화 수준은 최하위에 머물러 있다. 글로벌 혁신 네트워크와의 연결성과 빅데이터 활용 비율도

OECD 회원국 중 최하위 수준이다. 디지털 전환 역량 및 기술력의 경우 글로벌 기업의 기술력을 100으로 보면 국내 중소기업의 기술력은 ERP, PLC* 분야에서는 60~90 수준이며, CAD**, 센서, RFID*** 분야에서는 20~40 수준으로 나타나고 있다.

최근 조사에 따르면 아시아권에서 우리나라 중소기업의 디지털 성숙도는 싱가포르, 일본, 뉴질랜드, 호주에 이어 5위로 나타났다. 디지털 성숙도는 2단계에 속해 있는데, 이는 디지털 전환을 위한 변화를 시작했지만 아직 단편적인 디지털화와 기술 투자에 집중하는 수준을 의미한다. 특히 국내 중소기업의 디지털 기술력은 선진국 대비 약 60% 수준에 불과하다.

국내 중소기업의 4차 산업혁명 현황 조사 결과에 따르면, 중소기업 CEO들은 4차 산업혁명에 대한 인식도가 매우 낮은 것으로 나타났다. 중소기업중앙회 조사에 따르면 4차 산업혁명에 대해 '들어만 봤다'(36.3%), '전혀 모른다'(52.3%)의 비중이 매우 높았고, 중소기업의 4차 산업혁명 대응 수준도 낮게 나타났다(대응 못하고 있다 52.3%, 전혀 대응 못하고 있다 41.3%). 대응이 부진한 원인으로는 정부 지원 부족이 31.8%로 가장 많았고, 새로운 기술·트렌드의 불확실성 27.4%, 기업 특성상 불필요한 경우 23.4%, 관심이 없는 경우 9%로 분포됐다(그림 1.8). 특히 스마트팩토리 구현의 경우 대다수 중소기업(81.2%)이 기초 수준에 머무르고 있다. 디지털화 수준을 나타내는 중소기업 정보화지수는 100점 만점에 61.05점이고, 매출액 대비 디지털화

---

* PLC 기계의 입출력이 어떤 순서에 따라 동작하도록 제어하는 장치
** CAD 컴퓨터를 이용해 각종 설계 계산을 행하고 자동적으로 도면을 작성하는 시스템
*** RFID 반도체 칩이 내장된 태그, 라벨, 카드 등의 저장된 데이터를 무선주파수를 이용하여 비접촉으로 읽어내는 인식 시스템

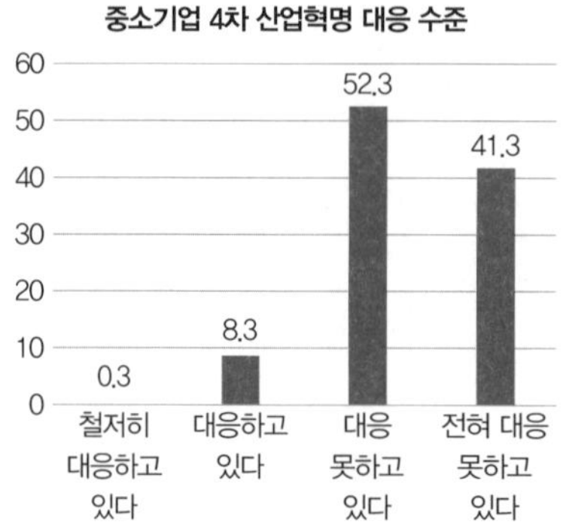

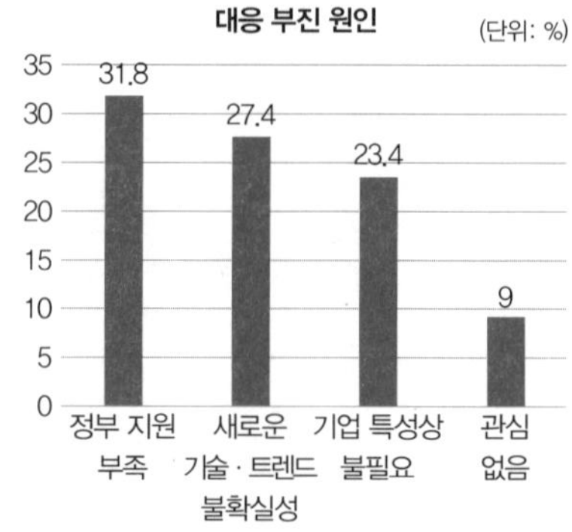

그림 1.8 4차 산업혁명 시대 중소기업의 현황(자료: 디지털 타임즈)

투자율은 0.38~1.27%로 나타났다.

이러한 상황에서 적지 않은 중소기업들이 디지털화에 대한 필요성을 인식하고 있다. 최근의 제도적 환경 변화 등으로 인력 운용 비용이 높아지면서 기존 운영 프로세스의 디지털화나 스마트팩토리 구축 등에 관심을 갖는 기업들도 많아지고 있다. 그러나 여전히 상당수의 중소기업은 당장 운용할 자금도 부족한 상황에서 디지털 혁신을 위한 투자는 엄두를 못 내고 있는 실정이다.

그러나 디지털 기술의 발전은 기존 산업 생태계를 뒤바꿀 것이며, 이에 따라 중소기업의 역할과 역량은 물론 생존 방식도 바뀔 수밖에 없다. 이러한 환경 변화를 기회로 활용하려면 최소의 투자로 최대의 효과를 거둘 수 있는 디지털 혁신 전략 및 방법론과 기술 제안이 필요하다. 외부적으로는 정부의 적절한 유인책과 대기업과의 상생이 필수적으로 요구되고, 내부적으로는 회사의 핵심 역량을 중심으로 디지털 기술을 접목한 새로운 비즈니스 모델 정립 및 효율적인 업무 처리와 고객 관리에 기반을 둔 제품 최적화 등의 혁신이 긴요하다.

디지털 강소기업의 사례

그렇다면 중소기업의 디지털 혁신은 어떻게 이뤄지고 있을까? 중소기업의 디지털 혁신 사례를 통해 기회와 가능성을 탐색해본다.

사례 1 | 스마트팩토리와 인공지능을 활용해 생산성을 향상한 프론텍

시화공단에 위치한 프론텍은 자동차용 용접 너트와 자가 정비 공구세트를 생산하는 강소기업이다. 현재 이곳에서 생산하는 너트와 공구세트의 99%는 현대·기아차에 납품된다. 현대·기아차가 성장하면 프론텍도 매출이 오르는 구조지만, 프론텍은 곧 도래할 자동차 산업의 격동기에 대비하는 혁신이 필요하다고 생각했다.

혁신 포인트 ① 경영자의 디지털 리더십

특히 프론텍은 대기업에 전적으로 의존하는 구조에서 벗어나지 못하면 미래에 살아남을 수 없다는 위기감을 느꼈다. 따라서 대기업과 중소기업 간 수직적인 하도급 구조에서 벗어나 장기적인 자생력을 갖는 길을 모색해야 했다. 이와 같은 상황에서 프론텍의 CEO는 급격히 전개되고 있는 4차 산업혁명을 프론텍이 변화를 모색할 좋은 기회라고 생각했다.

프론텍이 선택한 돌파구는 스마트팩토리였다. 독일의 아디다스Adidas 스마트팩토리 사례를 접하면서, 인건비 절감을 위해 해외로 나가는 것보다 국내에서 공장을 최적화하는 것이 성장의 비결이라고 판단했다. 또한 중국, 베트남, 캄보디아 등 저임금 국가와의 치열한 경쟁에서 이길 수 있는 가장 강력한 무기가 바로 스마트팩토리라고 생각했다.

혁신 포인트 ❷ 스마트팩토리를 위한 디지털 기술과 솔루션 도입

프론텍은 공구 조립라인과 단조 가공라인에 필요한 시스템을 체계적으로 도입했다. 우선 공정별 생산 계획과 실적 관리, 물류시스템 최적화를 지원하는 MES(Manufacturing Execution System, 제조실행시스템)*를 도입하고, 자가 정비 공구세트를 만드는 생산 라인별로 '저울 실시간 관제시스템'도 설치했다.

공구세트는 견인고리와 스패너, 드라이버 등을 포함해 3~8종으로 구성된다. 과거에는 작업자가 공구세트 가방에서 빠진 제품이 없는지 일일이 검사했기 때문에 종종 제품이 누락되는 문제가 발생했다.

솔루션 도입 후 디지털 치수 측정기와 중량 검증 장비가 검사를 진행해 작업자는 공구세트 가방에 공구를 집어넣고 저울 위에 올리기만 하면 된다. 저울이 자동으로 무게를 측정하고 완성품 개수까지 체크하므로 작업 진척도를 실시간으로 파악할 수 있다. 프론텍은 MES 덕분에 불량률을 80%나 줄일 수 있었다.

혁신 포인트 ❸ 고도화된 인공지능 기술을 품질관리에 적용

프론텍은 이에 그치지 않고 한 가지 중요한 도전을 더 했다. 과거 육안으로 제품의 품질을 검사할 때는 품질 검사 속도가 제품 생산 속도를 따라가지 못했고, 작업자들도 단순 반복 작업을 힘겨워했다. 또한 모든 제품의 품질을 육안으로 검사하는 것도 현실적으로 불가능했다.

---

* MES 제조 현장의 생산성을 높이기 위해 장비를 자동으로 제어하고, 각종 데이터를 실시간으로 수립, 분석, 관리하는 모니터링 시스템

이에 프론텍은 품질관리 자동화를 위한 인공지능 품질관리시스템 개발을 시도했다. 초기의 딥러닝 기반의 품질관리시스템은 데이터 입력 이후 기계학습을 잘 해내지 못했다. 이에 인공지능 전문 연구팀은 공장에서 찍은 사진을 전前처리하는 기법을 연구했고, 여러 시행착오 끝에 목표치를 달성했다. 현재 정품과 불량품을 구별하는 확률은 95%를 넘어 99%에 육박하며, 고도의 품질관리가 가능해졌다. 이제는 제품이 생산되는 순간 0.2초 만에 품질을 검사할 수 있다.

혁신 포인트 ❹ 생산성 향상과 더불어 신규 일자리 창출

프론텍은 스마트팩토리 도입으로 생산성이 높아지면서 시간 선택제 형태로 경력 단절 여성 10명을 신규 채용했다. 현재 경력 단절 이후 재취업한 여성들이 생산현장 곳곳에서 활약하고 있으며, 여직원 비율이 40%에 달하는 여성 친화 기업으로 거듭났다.

사례 2 | 자동화와 대기업 상생협력으로 혁신에 성공한 피제이전자

부천에 위치한 피제이전자는 1969년 노동집약적 저부가가치 산업에 속하는 직물 사업으로 시작했다가, 1994년부터 첨단 고부가가치 산업인 전자산업에 대대적인 투자를 감행했다. 현재는 전자제품 생산을 위탁받아 전문적인 제조와 서비스를 전담하는 EMS(Electronic Manufacturing Service, 전자제품 제조 서비스)* 기업으로 탈바꿈했다.

---

* EMS 전자제품 생산을 위탁받아 자신의 생산 설비를 이용해 전자제품 제조 및 납품을 전문으로 하는 서비스

혁신 포인트 ❶ 글로벌 경쟁과 생산성 향상 및 품질 확보에 대한 문제 인식

피제이전자는 고령화 시대에 맞는 의료기기와 자율주행 자동차용 모듈 및 센서 등을 주로 생산하며, 글로벌 그룹 GE헬스케어GE Healthcare의 국내용 초음파 진단기 생산량 40% 이상을 전담하는 등 입지를 강화해왔다. 그러나 글로벌 EMS 업체들과의 경쟁이 심화되고 고객사의 신제품 출시 일정이 점차 빨라지면서 이에 대한 대응과 함께 생산 부품에 대한 출하 품질 보증 등의 과제를 안고 있었다.

피제이전자 직원들은 수많은 종류의 부품 생산량을 시간별로 수작업해 정리했는데, 월말이나 연말에 집계하면 숫자가 잘 맞지 않아 어려움을 겪었다. 또한 다품종 소량 생산 체제이다 보니 관리해야 하는 부품의 종수도 많고 고객사의 요구사항도 다양해 작업이 복잡했다. 특히 회로판 보드에 부품을 잘못 넣는 오삽 불량이 한 건이라도 발생하면 전부 불량이 될 수 있는 위험에 노출되어 있었다.

혁신 포인트 ❷ 대기업의 도움과 협력을 통한 노하우 전수

2017년, 피제이전자는 강소기업으로 거듭나기 위해 스마트팩토리를 도입하기로 결정했다. 주목할 점은 실행 과정에서 삼성전자의 스마트팩토리 지원사업을 통해 대기업의 노하우를 전수받은 것이다. 삼성전자 '파트너 지원센터'의 전폭적인 지원으로 삼성전자 직원과 협업했고, 이를 통해 170가지 과제 중 90%를 직원들이 직접 발굴했으며, 8주 안에 과제를 100% 해결했다.

자사 공장의 하드웨어와 소프트웨어를 모두 바꾼 피제이전자의 혁신은 삼성전자의 스마트팩토리 DNA를 전수받은 결과라고 평가받고 있다.

혁신 포인트 ❸ 실시간 현황 파악, 현장 대처 능력 향상, 생산성 향상

전체 공정에 MES가 구축되면서 원자재 재고, 각 라인 생산량, 실시간 불량률 등 원자재 투입부터 납품까지 전 과정의 정보를 실시간으로 파악하게 되었다. 작업 일지 등 과다한 서류 작업이 바코드로 대체되면서 수기 작업이 대폭 줄었으며, 품질 이력 추적성이 강화됐다.

또한 자동화된 품질관리와 성적 검사가 실시간으로 수행되면서 문제가 발생하면 바로 알람이 떠서 불량을 즉시 확인할 수 있다. 문서 수작업이 기존에 비해 70~80% 정도 줄었고, 돌발상황 시 현장 대처 능력도 크게 향상되었다.

이뿐 아니라 제조 계획 정확도는 70% → 92%, 납기 준수율은 85% → 96%, 설비 가동률은 45% → 65%로 향상됐고, 공정 불량률은 1,900ppm* → 1,300ppm으로 줄었다. 45%에 불과했던 수율도 70%까지 획기적으로 향상되었다. 생산성 증대로 인해 직원들의 정시 퇴근이 늘고, 주말 근무가 대폭 감소했다.

혁신 포인트 ❹ 고도화 노력 및 외부 벤치마킹 등 지속적인 학습

피제이전자는 완벽한 스마트팩토리 구축을 위한 계획을 세우고 한 단계 업그레이드해서 경쟁력 강화를 가속화하겠다는 의지를 보이고 있다. 동종업계 및 다른 업계의 스마트팩토리 사례도 벤치마킹해, 성공 요인을 학습하고 내부에 적용하는 개방형 혁신도 지속할 계획이다.

---

* ppm 1백만 분의 1

사례 3 | 상생과 공존을 통한 동반 혁신의 모델을 제시한 삼송캐스터

부평에 위치한 삼송캐스터는 1980년 '인류의 편안함과 함께하는 기업'이라는 창업 정신으로 출범했다. 삼송캐스터는 바퀴를 생산하는 캐스터 전문기업으로서 현재 시장점유율이 50%가 넘는 업계 1위 기업이다.

산업용 바퀴에서 의료용 바퀴까지 약 2,500종의 캐스터를 생산하며, '세상을 움직이는 동그라미의 편리함으로 인류의 편안함에 기여한다'는 미션하에 바퀴 제조 분야에서 오랫동안 기술을 축적해왔다. 국내는 물론 미국, 일본, 캐나다, 동남아시아 등 세계 여러 나라에서도 트리오파인스Triopines라는 브랜드로 잘 알려져 있다.

삼송캐스터는 국내 업계 최초 ISO9001, S(안전)마크를 획득해 우수한 품질관리시스템을 인정받고 있다. 최근에는 생산 공정 자동화와 공정 관리 시스템을 혁신하는 스마트팩토리를 성공적으로 도입해 일터 혁신 대상 기업으로 선정되기도 했다. 삼송캐스터는 미국, 일본, 중국뿐 아니라 유럽에도 진출하는 등 글로벌화에도 박차를 가하고 있다.

혁신 포인트 ① 스마트팩토리 도입을 통한 혁신과 변화의 기회 창출

삼송캐스터는 업계 1위 기업이었으나 그동안 새로운 도전과 혁신에는 소극적이었다. 이에, 삼성전자의 스마트팩토리 구축 지원은 조직에 혁신의 바람을 불러일으킨 기회였다. 자재, 생산, 판매 등 전 공정을 스마트화하고 생산비를 절감해야 중국 제품의 저가 공세를 이겨낼 수 있다는 문제 인식도 스마트팩토리 시스템 도입을 결심하게 한 요인이었다.

삼송캐스터는 2017년 삼성전자의 지원을 받아 스마트팩토리를 도입해 생산 공정 자동화와 공정 관리 시스템을 혁신했다. 삼성전자의 사회공헌 일환으로 시작된 스마트팩토리 지원 사업은 경험이나 노하우, 기술이 부족한 중소기업에 큰 도움이 되었다.

혁신 포인트 ② 혁신 성과의 가시화 및 구성원의 의식 변화

삼송캐스터가 스마트팩토리 도입으로 거둔 성과는 컸다. 불량률을 73%나 낮췄고, 1인당 노동 생산성(직원 1인당 제품 조립 실적)은 31% 이상 증가했다. 제조물류 동선은 하루 5.6km에서 800m로 단축됐다. 이러한 생산환경의 혁신으로 얻은 또 하나의 중요한 성과는 조직 구성원들에게 '할 수 있다'는 자신감과 의식의 변화를 이끌어냈다는 점이다.

혁신 포인트 ③ 상생과 공존을 통한 동반 혁신

삼송캐스터의 혁신에는 주목할 만한 또 하나의 요소가 있다. 바로 지속적인 경쟁력을 갖추기 위해 협력사와 함께 변화를 추구했다는 점이다. 삼송캐스터는 캐스터를 생산하면서 여러 협력사로부터 부품을 받았는데, 플라스틱 휠과 금속부 등 제공받은 부품의 불량률이 높았다. 이 때문에 제조 과정에서 이를 일일이 골라내거나 망치질하며 재작업해야만 했다.

이러한 문제를 해결하려면 협력업체와 힘을 합해야 했다. 이에 삼송캐스터는 3개월간 삼성전자 스마트팩토리 지원센터의 도움을 받아 세진프라스틱, 혜성엔지니어링, 코아컴포넌트 3개 협력사와 동반 혁신을 진행했다. 삼송캐스터와 협력사, 삼성전자까지 무려 총 53명의 제조 담당자가 힘을 합해 협력사별 문제를 집중적으로 개선했다.

삼송캐스터는 기존 스마트팩토리의 고도화를 진행했고, 각 협력사도 공정 단축, 부품 불량이나 물류 등 제조 공정의 문제점을 해결해나갔다. 그 결과, 1인당 생산 대수가 31% 늘어났고 생산성이 동반 상승했으며, 공정 불량률은 86% 감소하고 재료비는 42%나 줄었다.

전반적인 역량이 부족한 중소기업들은 디지털 혁신에 있어 대기업으로부터 혁신 노하우를 전수받고 협력 파트너와의 상생을 위한 노력을 기울여야 한다. 두 가지 측면을 가능케 하는 것이 바로 동반 혁신이다. 이러한 상생과 공존 노력이 디지털 혁신의 중요한 키워드이자 중소기업이 나아가야 할 방향이다.

사례 4 | 디지털 기술을 활용해 맞춤형 비즈니스를 선도하는 스트라입스

남성 커스텀 패션 브랜드 스트라입스는 2013년 4월 '전통적인 맞춤형 옷 제작에 디지털 기술을 접목해 고객이 원하는 옷을 택배로 전해준다'는 비즈니스 모델로 출발했다. 남성들은 옷을 구매할 때 직접 입어보지 않으면 안심하지 못하지만 쇼핑은 귀찮아하고, 기성복이 다양한 체형을 모두 반영하지 못한다는 데 착안해 맞춤형 패션을 선보인 것이다. 이들은 단순히 가성비가 좋은 셔츠를 넘어서 잘 만든 셔츠를 합리적인 가격에 판매하는 것을 목표로 한다.

혁신 포인트 ❶ 시장 및 고객 분석에 기반한 새로운 맞춤형 비즈니스 모델

소비자가 온라인에서 서비스를 신청하면 스타일리스트가 직접 방문해 고객의 신체 사이즈를 측정한다. 이후 소비자는 필요할 때 상품 디자인을 선택하고, 스트라입스는 저장해놓은 고객의 신체 데이터를 바탕으로 옷을 제작해 원하는 장소로 배달해준다. 사용자의 신체 사이즈를 데이터로 관리해 의류산업의 생산과 유통 과정에서 효율성을 높인 것이다.

혁신 포인트 ❷ 명확한 목표와 전략, 그리고 역량 모델

스트라입스는 일반적인 의류회사에 그치지 않고 소프트웨어와 하드웨어를 적절히 사용해 의류시장에서 혁신을 꾀했다. 기존 의류업계에서 측정하거나 관리하지 않던 것에 디지털 기술을 접목함으로써 경쟁우위를 확보하고자 한 것이다.

이를 위한 세 가지 전략은 매스 커스터마이제이션mass-customization*, O2OOnline to Offline**, 그리고 스타일 컨설팅이다. 첫째, 매스 커스커마이제이션은 한국인 체형 데이터를 수집하고, 고객별로 다른 사이즈 데이터를 축적해 커스텀 의류를 대량 생산하는 것이다. 이를 바탕으로 스트라입스는 '모듈화된 맞춤'을 제안한다. 마치 레고 블록을 조립하듯 다양한 옵션을 통해 고객들의 니즈를 충족시키는 것이다. 둘째, 중간 유통 채널을 제거해 고객과의 직접 연계 모델을 구축한다. 셋째, 국내 패션 전문가들을 확보해 옷의 원단과 스타일 등에 관해 고객들에게 컨설팅 서비스를 제공한다.

혁신 포인트 ❸ 디지털 기술과 알고리즘을 접목한 개인화된 생산 방식

스트라입스는 약 5만여 명의 신체 치수 데이터를 근간으로 뉴핏NEU-FIT 방식을 개발해 생산 공정에 반영했다. 키, 몸무게, 연령대 등 아홉 가지 정보를 기반으로 내부 알고리즘을 통해 개인별 체형에 최적화된 핏을 자동으로 제공한다.

또한 '커스텀 바로 주문'은 기성 사이즈를 기초로 칼라, 커프스, 핏 디자

---

* 매스 커스터마이제이션 개별 고객의 니즈에 맞춰 주문 생산된 제품 및 서비스를 맞춤형으로 대량 생산하는 방식

** O2O 온라인과 오프라인 채널을 융합해 소비자의 구매를 촉진하는 새로운 비즈니스 모델

인을 고객이 원하는 대로 조합해 제품을 제작하는 서비스로, 기성복의 사이즈 체계보다 고객 신체 특성에 더욱 잘 맞도록 세분화하고 고도화했다.

혁신 포인트 ④ 파트너십 개발과 협업

스트라입스는 서울, 경기, 부산, 대구, 광주 등 주요 도시를 포함해 전국의 맞춤 셔츠 및 정장 업체들과 파트너십을 맺고 다양한 형태로 협업한다. 또한 셔츠 외 남성 패션 전 카테고리의 확장을 위해 다양한 브랜드와도 협업하고 있다.

혁신 포인트 ⑤ 온라인에서 오프라인으로 확장

온라인으로 시작한 스트라입스는 오프라인 매장으로 진출하고 있다. 이들은 6만 개에 달하는 고객 신체 데이터를 기반으로 몸 둘레와 팔길이를 총 90가지 사이즈로 세분화해 개발한 '스트라입스 세그먼트 셔츠 90'을 오프라인 매장에서 판매한다. 온라인에서 출발했지만 오프라인으로 영역을 확장하고 있는 것이다.

사례 5 | 새로운 비즈니스 모델 창출의 모범을 보인 만나CEA

농업 분야에도 디지털 기술을 활용한 혁신적인 변화가 진행되고 있다. 푸드테크FoodTech 또는 애그테크AgTech 산업은 농산물 생산과 공급, 제조 및 관리, 주문 및 배달, 이에 필요한 소프트웨어와 하드웨어 구축 등 농식품 산업과 관련된 모든 분야를 포괄한다.

혁신 포인트 ❶ 푸드테크 시장의 잠재력과 시장성을 파악한 뒤 사업화

국내의 경우 160조 원에 달하는 외식업 시장과 110조 원에 달하는 식재료 유통 시장이 푸드테크와 결합해 200조 원에 달하는 새로운 산업 생태계로 발전할 것으로 전문가들은 내다본다. 만나CEA의 창업자들은 이러한 추세를 보고 '농업이야말로 미래 산업'이라고 생각해 취업 대신 창업을 선택했다.

혁신 포인트 ❷ 디지털 기술을 접목한 새로운 생산 시스템과 기술

2013년 설립된 만나CEA는 수경재배 방식과 디지털 기술을 접목한 농장 자동화 기술을 보유한 농업 스타트업이다. 충북 진천 이월면에 위치한 만나CEA 농장의 채소는 흙이 아닌 물속에 뿌리를 내리고 자란다. 이는 자체 기술로 개발한 수경재배 제어 시스템으로, 아쿠아포닉스Aquaponics*와 빛, 습도, 사료 공급 등을 자동 조절하는 소프트웨어가 결합된 시스템이다. 이 시스템을 통해 양식한 물고기의 배설물을 질산염으로 처리해 액상배료를 만들어 식물을 키울 수 있다. 즉 물고기를 양식한 물이 바이오필터를 거쳐 식물의 뿌리로 전달되는 방식이다. 바이오필터는 만나CEA의 대표적인 특허기술이다.

혁신 포인트 ❸ 채소뿐 아니라 시설과 제어 시스템도 상품화

1만 9800㎡(약 6천 평) 규모의 농장에서는 엽채류 50종, 뿌리채소 7종, 허브 20종을 재배한다. 엽채류는 일반 농가보다 생산량이 30배 많다. 이들은 아쿠아포닉스 시설과 수경재배 제어 시스템도 판매 상품으로 내세운다.

---

* **아쿠아포닉스** 물고기 양식과 수경재배를 결합한 농법

혁신 포인트 ❹ **자금 조달과 새로운 비즈니스 모델 확장**

2015년에는 카카오의 자회사인 케이벤처그룹에서 투자를 받았다. 이후 추진한 새로운 공유농장 프로젝트인 '팜잇'은 지분을 나눠 가지면서 오너십과 수익을 배분하는 공유농장 개념이다. 이들은 팜잇을 크라우드 펀딩 플랫폼 와디즈에 선보여 목표 투자금 7억 원 유치에 성공했다.

혁신 포인트 ❺ **판매, 마케팅, 유통망, 수출 확대로 수익 증대 기반 마련**

만나CEA는 재배한 채소를 유통 서비스인 만나박스를 통해 판매한다. 현재 매월 판매량이 30~40% 성장하는 추세다. 또한 카자흐스탄과 수출 계약을 체결했고 사우디아라비아에는 다층형 베드, 실내 환경 제어 시스템, 조광 모듈, 특수 바이오필터와 순환 시스템을 갖춘 실내형 스마트팜을 수출한다. 스마트팜에서 재배된 작물은 현지 회사를 통해 사우디아라비아 제다 지역의 대형마트와 식료품점을 포함해 전국으로 유통된다.

만나CEA는 스마트팜 솔루션과 환경 제어 농업 분야에서 중동 및 중앙아시아 지역 진출을 더욱 활발히 시도할 예정이다.

디지털 강소기업으로 도약하기

디지털 강소기업 사례에서 보았듯이, 중소기업도 디지털 시대에 맞게 변화해야만 생존하고 발전할 수 있다. 디지털 시대는 각자의 선택에 따라 기회가 될 수도, 위기가 될 수도 있다. 위기를 기회로 만들려면, 우선 디지털 혁신의 필요성을 제대로 인식하고, 디지털 트랜스포메이션의 가속화를 통해 비즈니스 가치와 성과를 창출하겠다는 의지가 필요하다.

실행 면에서는 다섯 가지 사항을 고려해야 한다.

첫째, 핵심 역량에서 출발해 점차 확대하는 전략을 펴야 한다. 현재 자사가 가지고 있는 기술력과 강점을 중심으로 가치를 창출할 수 있는 영역을 분석하고 확대하는 전략을 수립해야 한다. 디지털 기술을 이용해 완전히 새로운 제품이나 서비스를 만드는 것도 중요하지만, 아주 특별한 아이템이 아니면 실패할 확률이 매우 높다. 따라서 기존의 핵심 역량을 기반으로 디지털 기술을 접목해 가치를 창출하는 데 초점을 두어야 한다.

둘째, 성과 요인 – 기능 요인 – 기술 요건의 연계를 통한 성과중심형 추진이 이뤄져야 한다. 즉 성과를 목표로 하고(성과 요인), 목표 달성을 위해 어떤 기능이 필요하며(기능 요인), 기능을 구현하기 위해 어떤 기술과 솔루션이 필요한지(기술 요건) 정해야 한다. 분명한 문제의식과 이를 개선하기 위한 성과 목표, 그리고 실행 시 필요한 기능 요인과 기술 요건을 도출하는 것이다. 디지털 기술보다 비즈니스 가치가 우선임을 명심해야 한다.

셋째, 디지털 혁신과제를 실용적 · 실제적 측면에서 평가해야 한다. 비즈니스 활용과 디지털 기술 파급력을 고려해 우선순위를 결정하고, 파일럿 테스트로 기술의 효과성을 검증해야 한다. 오픈 이노베이션*, 린 스타트업**, 애자일 방법론***, 디자인 씽킹**** 등을 공부해서 활용하고, 프로

---

* 오픈 이노베이션 기업이 필요로 하는 기술과 아이디어를 외부에서 조달하는 한편 내부 자원을 외부와 공유하면서 새로운 제품이나 서비스를 만들어내는 것

** 린 스타트업 아이디어를 빠르게 시제품으로 제조한 뒤 시장의 반응을 통해 다음 제품 개선에 반영하는 전략

*** 애자일 방법론 처음 정해진 계획에 따르기보다 환경에 맞춰 그때그때 유연하게 대처하는 방식

**** 디자인 씽킹 제품 개발 단계뿐 아니라 제품의 기획, 마케팅, 관련 서비스 등 전 과정에 걸쳐 디자이너들의 감수성과 사고방식을 적용하는 것

세스 관리 및 운영, 비즈니스 모델 수립, 커뮤니케이션에 이르는 전 과정에 디지털 기술 접목을 검토해야 한다. 과제가 정리되면 목적 적합성, 참신성, 실현 가능성, 영향도(파급 효과), 투자 대비 효율성ROI 등을 검토하여 우선순위를 정해야 한다.

넷째, 중소기업의 눈높이에 맞는 맞춤형 혁신을 추구해야 한다. 경영진부터 디지털과 디지털 트랜스포메이션에 대한 이해도를 높이고, 현 디지털 수준을 정확히 측정해서 개선 방향과 과제를 정리해야 한다. 디지털 혁신을 위한 영역과 프로세스 우선순위를 식별하고, 디지털 혁신을 위한 조직 및 인적역량 강화, 디지털 기술의 적용성 및 효과성을 검증해야 한다. 또한 투자 여력과 자금 소요 및 조달 방안, 비용 효과성 등을 종합적이고 현실적인 시각에서 검토해야 한다.

다섯째, 비즈니스 성공 요인을 고려해야 한다. 대기업, 공공연구기관, 대학 등과 협업하며 제품 혹은 서비스 혁신을 추진하고, 전문화, 글로벌화를 통해 틈새 시장에서 생존해야 한다. 또한 새로운 비즈니스 트렌드를 반영한 비즈니스 모델 혁신 및 전환, 지역 거점 활용 및 지역 간 협력, 중소기업 간 네트워크 및 정보 공유도 고려해야 한다.

디지털 강소기업으로 거듭나려면 기존 강소기업들은 보다 더 적극적으로 디지털 트랜스포메이션을 가속화해야 한다. 디지털 기술을 접목하지 않으면 사업의 불안정성은 더욱 커질 것이다. 새로운 디지털 경제에서는 사업 구조, 경쟁자, 공급자, 제품 및 서비스 등이 완전히 달라질 가능성이 높다. 디지털 기술과 솔루션을 기회로 활용하느냐, 방관하다가 밀려나느냐는 생존의 문제다.

업종의 특성과 기업의 현 상황을 고려해 디지털 기술과 솔루션을 접목해 비즈니스 가치를 극대화해야 한다. 운영 효율성과 우수성(생산성, 원가, 품질) 제고, 새로운 비즈니스 모델 창출, 고도화된 생산 공정, 지능화된 제품 및 서비스 개발, 디지털 기반의 고객 관리 및 마케팅, 데이터 기반 의사결정, 협업과 의사소통 플랫폼 개발, 오픈 이노베이션을 통해 디지털 강소기업으로 거듭날 수 있을 것이다.

DIGITAL
SMALL
GIANTS

PART 2

디지털 강소기업을 향한 도전

Chapter 01 디지털 혁신 역량 모델

Chapter 02 디지털 비전과 리더십

Chapter 03 디지털 전략과제 추진

Chapter 04 디지털 혁신 영역

Chapter 05 디지털 기술과 솔루션

Chapter 06 인적역량과 조직문화

"현재를 파괴하는 기업만이 미래를 가질 수 있다. 창조는 파괴의 또 다른 이름이다. 리스크를 두려워하면 창조는 없다. 새로운 것에 대한 도전은 엄청난 리스크를 떠안는다. 반면, 도전이 성공하면 미래 시장 지배라는 천문학적 가치의 과실을 보장받는다."

—

조셉 슘페터, 미국 경제학자

중소기업 CEO 김혁신 대표,
디지털 강소기업으로 발돋움하기 위해 도전장을 내밀다

성장부품주식회사는 쉽지 않은 현실 속에서 여러 가지 난제를 겪고 있습니다. 김혁신 대표는 이를 해결하기 위한 대안으로 디지털 트랜스포메이션을 떠올렸고, 새로운 시도가 불러올 효과를 차츰 이해하게 되었습니다. 처음에는 인공지능, 빅데이터, 사물인터넷, 모바일, 클라우드 등의 용어가 어렵게 느껴지고, 마치 다른 세계의 이야기처럼 들리기도 했습니다. 또한 디지털 트랜스포메이션은 대기업이나 할 수 있는 일이 아닐까 하는 생각이 들었습니다.

사실 많은 중소기업의 경우 전문 인력의 보유 및 육성이 어려울 뿐 아니라 기술과 솔루션에 대한 투자 여력도 크지 않습니다. 그렇기에 김혁신 대표 역시 '과연 우리 회사에서 디지털 트랜스포메이션이 가능할까?'라는 질문을 품어왔습니다.

하지만 회사의 생존과 성장을 위해 디지털 트랜스포메이션은 더는 미룰 수 없는 과제로 인식하게 되었습니다. 김혁신 대표도 그 중요성과 필요성에 충분히 공감하나, 우리 회사가 이 커다란 도전을 과연 해낼 수 있을지 고민이 되는 것도 사실입니다. 마음 한편으로는 설렘이, 다른 한편으로는 걱정이 생기기 시작했습니다.

성장부품주식회사가 디지털 강소기업으로 변신하려면 어떤 사항을 고려해야 할까요? 이번 장에서는 다음 네 가지 질문에 대한 답변을 통해 김혁신 대표의 고민을 해결할 방안을 살펴보고, 디지털 혁신이 가능하다는 확신을 주고자 합니다.

- 디지털 혁신을 위한 역량을 어떻게 평가할 것인가?
- 디지털 혁신을 둘러싼 비전, 방향성, 목표, 과제는 어떻게 수립해야 하는가?
- 디지털 혁신에서 역량별 성공 사례는 무엇인가?
- 디지털 혁신을 위한 고려사항은 무엇인가?

• CHAPTER 01 •

디지털 혁신 역량 모델

어떤 일이든 목표를 달성하려면 실현 가능한 계획이 수립되어야 한다. 디지털 혁신으로 향하는 여정도 마찬가지다. 먼저 전체 그림과 자신의 현 위치를 이해해야 한다. 그 후 성공적으로 목표를 달성하려면 어떤 역량의 강화가 필요한지 평가하고, 개선 방안을 함께 마련해야 한다.

디지털 혁신 역량 모델 구성

디지털 혁신을 향한 여정이 성공하려면 무엇이 필요할까? 먼저 궁극적으로 달성하고자 하는 비전과 목표가 분명해야 하고, 그곳까지 이끌기 위한 리더십과 관리운영 체제가 있어야 한다. 그 뒤에는 적합한 과제를 설정하고 이를 실행하기 위한 기술과 솔루션을 선택해야 한다. 적절한 조직문화와 인력, 자원 또한 중요하다. 이 모든 것은 치밀한 분석을 토대로 이루어져야 한다.

이를 역량 차원에서 들여다보자. 진정한 디지털 혁신을 수행하려면 어떤 역량이 필요할까? 일반적인 혁신 프로젝트와 마찬가지로 몇 가지 역량 요소가 필요하다. 크게는 디지털 비전과 리더십, 디지털 전략과제 추진, 디지털 혁신 영역, 디지털 기술과 솔루션, 인적역량과 조직문화 등 다섯 가지로 구분할 수 있다(그림 2.1).

첫째, **'디지털 비전과 리더십'은 디지털 혁신의 비전과 목표, 지향점을 분명히 하고 조직의 변화를 이끌어내는 것이다.** 경영진은 간결하고 명확한 디지털 비전과 목표를 설정하고 구체화된 이미지로 구성원의 공감대를 형성하고 구성원들이 움직이도록 해야 한다.

둘째, **'디지털 전략과제 추진'은 디지털 비전과 목표 달성에 필요한 전략적 방향성과 과제를 체계화하고 과제의 실행력을 높이는 것이다.** 전략과제를 도출하고 우선순위에 따른 일정 계획 수립도 필요하다. 한편, 전략과제의 실행력을 높이기 위해 과제 추진의 역할 분담, 성과 기준, 보상, 예산, 제도, 자금 조달, 이벤트 프로그램 등을 다각도로 고려해야 한다.

셋째, **'디지털 혁신 영역'은 디지털 혁신이 일어나는 주요 범주를 말한다.** 큰 범주는 일반적으로 운영 효율성 혁신, 비즈니스 모델 혁신, 고객 경험 증대, 협업과 정보 관리 등으로 나뉜다.

넷째, **'디지털 기술과 솔루션'은 디지털 혁신에 적용되는 요소다.** 그룹웨어, ERP 등 전통적인 디지털 기술부터 빅데이터, 인공지능, 모바일, 소셜 네트워크, 사물인터넷 등 새로운 디지털 기술과 솔루션을 포괄한다. 또한 이러한 디지털 기술에 대한 조직 내 이해도 및 적응 노력 또한 주요 고려사

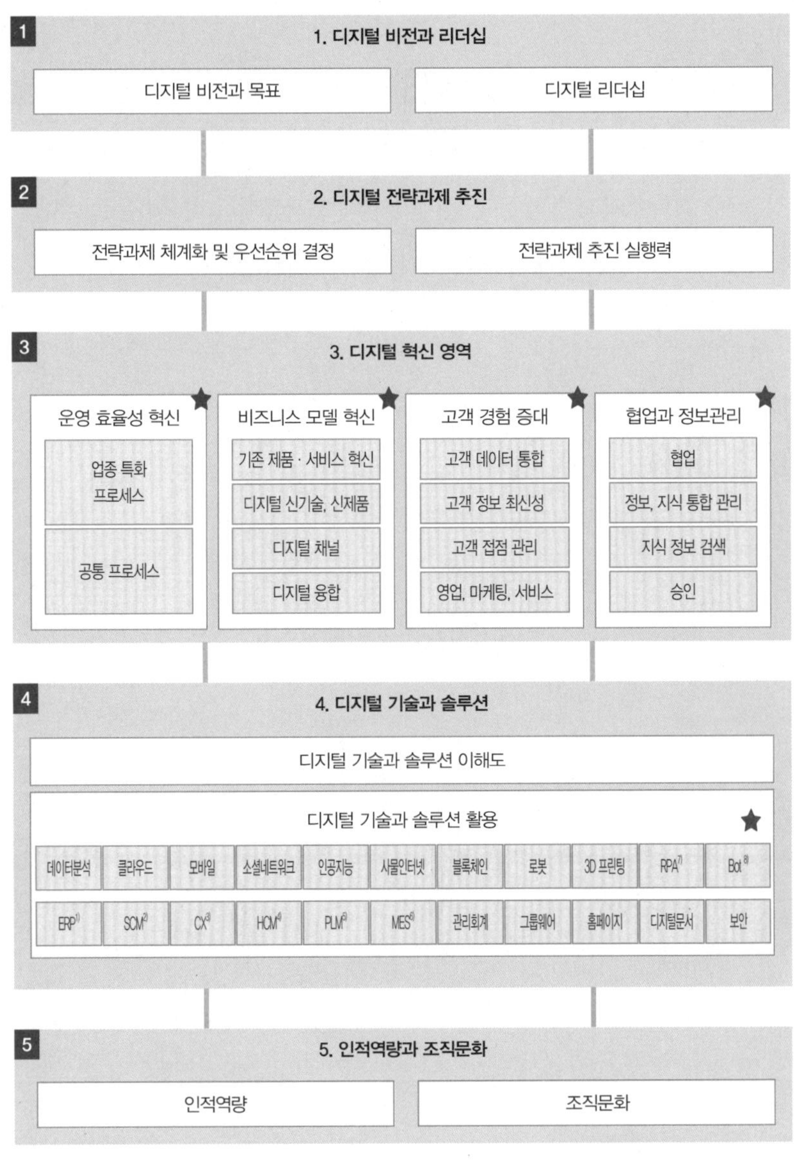

1) ERP: Enterprise Resource Planning(전사적 자원관리)
2) SCM: Supply Chain Management(공급망관리)
3) CX: Customer Experience(고객경험관리)
4) HC: Human Capital Management(인적자원관리)
5) PLM: Product Lifecycle Management(제품수명관리)
6) MES: Manufacturing Execution System(제조실행시스템)
7) RPA: Robotic Process Automation(로봇 프로세스 자동화)
8) Bot: 챗봇, 비서봇 등

그림 2.1 디지털 트랜스포메이션 역량 모델

항이다.

다섯째, '인적역량과 조직문화'는 디지털 혁신을 위해 인력을 강화하고 조직문화를 개선하는 것이다. 구성원의 디지털 이해도와 역량을 높이고 적극적 참여, 변화에의 개방성 등을 높이기 위해 조직문화를 혁신하는 것이다.

다섯 가지 역량에 대해서는 이어 나오는 각 챕터에서 상세히 설명하고자 한다.

• CHAPTER 02 •

디지털 비전과 리더십

비전, 혁신의 출발점

비전은 조직의 미션에 따라 구체적으로 달성하고자 하는 중장기적 미래의 모습이며, 모든 전략과 혁신의 출발점이다. 비전이 불명확하면 조직은 방향을 잃고, 구성원의 공감도 끌어낼 수 없다. 반대로, 올바르게 정의된 비전은 영감을 불러일으킬 뿐 아니라 살아 숨 쉬는 듯한 생동감을 전해준다. 짐 콜린스Jim Collins와 제리 포라스Jerry Porras 교수가 저술한 논문 "회사의 비전을 세우는 법Building Your Company's Vision"에서는 포드Ford의 사례를 들어 생동감 넘치는 비전이 무엇인지 보여준다.

"나는 자동차를 대량으로 생산할 것이다. (…) 자동차 가격이 매우 낮아져서 봉급 생활자도 자신의 차를 가질 수 있고, 가족과 함께 신의 위대한 열

사진 2.2 자동차에 대한 비전을 제시한 포드

린 공간에서 축복 가득한 시간을 즐길 수도 있을 것이다. (…) 내가 이 일을 완성했을 때, 모든 사람은 자동차를 가질 여유가 생겼을 뿐 아니라 자동차를 소유하고 있을 것이다. 말은 도로에서 사라질 것이고, 당연히 자동차가 그 자리를 차지할 것이다. (…) 그리고 우리는 많은 사람에게 높은 임금을 보장하는 일자리를 제공할 것이다."

또한 성공한 기업들은 명확한 비전 제시로 혁신을 이뤄냈다.

- **아마존의 비전** "지구 상에서 가장 고객 중심의 회사가 되는 것"
- **구글의 비전** "세상의 모든 정보를 한 번의 클릭으로 접근 가능하도록 하는 것"
- **스칸디나비아 항공의 비전** "비즈니스 출장을 빈번하게 가는 사람을 위한 세계 최고의 항공사"
- **로레알의 비전** "무한한 아름다움, 무한한 기술, 무한한 개인 맞춤화, 무한한 창의성, 무한한 민첩성"

• **골드만삭스의 비전 "디지털 금융 플랫폼"**

마이크로소프트Microsoft는 "모든 책상 위에, 그리고 모든 가정에 한 대의 컴퓨터를"이라는 비전을 세우고 자사의 운영체계인 윈도우Windows에 기반해 전 세계 PC시장을 장악했다. 이후 "모바일 퍼스트, 클라우드 퍼스트Mobile First, Cloud First"로 시대의 변화상을 반영하더니 최근에는 인공지능의 개념을 내포한 "인텔리전트 클라우드Intelligent Cloud"라는 비전을 선포했다. 이렇듯 비전은 시대적 흐름을 반영해 각 기업이 추구하는 미래의 모습을 그리며 변화될 수 있다.

비전을 알리는 일이 전체 의사소통량의 0.58%에 불과했다는 한 기업의 사례에서도 알 수 있듯, 비전의 설정은 시작일 뿐이다. 설정한 비전을 구성원에게 효과적으로 전달하려면 쉬운 용어를 사용해야 하며, 가능한 구체적 사례로 공유하는 것이 좋다. 또한 다양한 매체를 통해 메시지를 반복해 전달하는 방식이 효과적이다.

디지털 비전의 수립과 공유

비전의 수립과 공유는 디지털 트랜스포메이션에서 가장 중요한 요소이자 변화의 출발점이다. 불명확한 비전 설정으로 디지털 트랜스포메이션이 실패로 돌아간 사례는 무수히 많다. 따라서 경영진은 디지털 비전을 명확히 하고 이에 걸맞은 목표와 지향점을 가져야 한다. 디지털 비전은 구체화된 이미지로 만들어져 구성원과 공감대를 형성하고 이들을 움직일 수 있어야 한다.

디지털 비전을 제대로 수립하려면 어떠한 가치를 반영해야 할까? 디지털 비전에는 '운영 효율성 제고, 비즈니스 모델 혁신, 고객 경험 증대' 중 최소한 하나의 가치는 포함되어야 한다. 디지털 트랜스포메이션에 성공한 많은 기업의 디지털 비전은 위 세 가지 가치를 모두 담고 있다. 다만, 이 가치들은 통합되어 제시될 수도 있고, 어느 한 가지 가치에 중점을 둔 형태일 수도 있다. 디지털 비전은 점진적인 변화보다는 혁신적이고 파괴적인 변화를 추구해야 하며, 기술 자체보다는 비즈니스의 변혁에 초점을 맞춰야 한다.

'디지털 비전에 어떠한 가치를 담을 것인가?'라는 질문에는 정답이 없다. 그렇지만 각자의 답을 찾기 위해 고려할 사항은 있다. 첫째, 디지털 기술이 가져다주는 효과를 이해한 상태에서 이를 자사의 비즈니스 관점에서 재해석할 필요가 있다. 둘째, 디지털 기술이 자사의 목표 달성 및 핵심 역량을 강화하는 데 어떠한 역할을 할 수 있을지 확인할 필요가 있다. 이때 앞에서 언급한 '운영 효율성 제고, 비즈니스 모델 혁신, 고객 경험 증대'는 디지털 비전을 정립하는 데 중요한 가치로 고려해야 한다.

하지만 아무리 그럴듯한 디지털 비전을 만든다 해도, 경영진의 디지털 리더십 역량이 부족하면 어떤 결과가 나타날까? 특히 하향식(톱다운) 구조의 조직에서는 리더의 잘못된 이해와 판단이 매우 부정적인 결과를 초래할 수 있기 때문에, 경영진은 디지털 이해도를 높이기 위해 충분히 노력해야 한다. 디지털 트랜스포메이션 관련 도서나 세미나 등을 접하면서 지식을 넓혀 나가고, 필요 시 자문위원이나 외부 전문가의 도움도 적극적으로 받아야 한다.

경영진은 디지털 트랜스포메이션에 대한 충분한 이해를 바탕으로, 비전과 목표를 향한 강한 의지와 성과에 대한 확신을 가져야 한다. 또한 이를 조직 구성원에게 보여주고 전달하려는 노력도 뒤따라야 한다. 마지막으로, 이 모든 과정을 이끌어 나가며 적절한 투자와 의사결정을 도울 역량이 있는 임원의 존재가 꼭 필요하다.

주요 기업들의 디지털 비전

디지털 역량이 뛰어난 기업들은 디지털 비전을 어떻게 설정하고 공유할까? 디지털 비전은 크게 '운영 효율성 제고, 비즈니스 모델 혁신, 고객 경험 증대' 등 세 가지 가치 관점에서 기술되며, 사업 특성에 따라 중점적인 가치가 다르게 표출된다.

몬산토의 디지털 비전 가장 생생한 디지털 비전을 가지고 있는 세계적인 다국적 식량기업인 몬산토Monsanto의 사례를 살펴보자. '디지털 농업Digital Agriculture'을 비전으로 삼은 몬산토는 디지털 농업 플랫폼을 통해 비전을 실행에 옮기고 있다.

몬산토는 첨단 디지털 기술을 농업에 접목해 바람, 온도, 습도, 일조량 등 농업 생산성에 영향을 미치는 기후 요인들을 빅데이터로 분석하여 농부에게 제공한다. 덕분에 농부들은 논밭에 직접 나가지 않고도 위성 시스템과 모바일 기기를 통해 이러한 분석 데이터를 실시간으로 받아볼 수 있다.

이를 통해 흙의 상태, 병충해 발생 여부, 작물의 성장 상태 등을 파악할 수 있는 데다 인공지능 등의 기술을 활용해 가장 최적의 상태에서 씨를 뿌리고 농약도 치도록 장비들을 자동 제어할 수 있다. 농부들은 농경지와 농기계에 부착된 센서 데이터와 기후 데이터를 결합해 지역별로 최적의 농사법을 추천받음으로써 비용과 리스크를 절감하고 수확량은 증가시킬 수 있다. 디지털에 기반을 둔 과학적 농업이 가능한 것이다.

제너럴일렉트릭의 디지털 비전 제너럴일렉트릭은 "어젯밤 잠들 때는 산업재 기업이었지만, 오늘 아침에 일어나면 소프트웨어 및 빅데이터 분석 기업이 되어 있을 것이다"라고 선언하고 스스로를 '디지털 제조기업Digital Industrial'이라고 명명하며 급진적이고 파괴적인 비전을 제시했다.

'세계 10대 소프트웨어 기업'으로 디지털 비전을 선언한 제너럴일렉트릭은 디지털 역량을 통합한 디지털 전담부서인 GE디지털GE Digital을 신설했다. 전 부문에 흩어져 있던 소프트웨어, IT 등 디지털 관련 사업과 조직을 통폐합했고, 데이터 엔지니어와 데이터 사이언티스트, 딥러닝 전문가, 소프트웨어 전문가 등 디지털 전문 인력을 대거 채용했다. 이후 프레딕스Predix라는 산업용 빅데이터 플랫폼과 다수의 소프트웨어도 개발했다.

캐터필러의 디지털 비전 1925년에 설립된 미국의 중장비 제조업체 캐터필러Caterpillar는 한때 경쟁업체였던 일본 고마츠에 밀려 고전을 면치 못했다. 모든 사안을 본사에서 결정하는 캐터필러의 중앙집권적 구조 때문이었다. 캐터필러는 이후 권한 위임과 책임경영 체계를 도입하면서 어려움을 극복했고, 최근에는 한발 앞선 디지털 비전과 전략으로 승부수를 걸고 있다.

캐터필러는 디지털을 '데이터 및 정보를 최적의 행동 또는 통찰력으로 변환해 고객이 더욱 정확한 정보에 따라 의사결정을 내리는 과정'으로 정의한다. 이에 캐터필러를 이용한 고객의 시간, 비용, 자원을 절약해주고, 고객이 더 많은 돈을 벌고 더 효율적으로 행동할 기회를 제공하는 것을 디지털 비전으로 삼는다.

이들은 이러한 디지털 비전을 달성하기 위해 건설중장비에 센서를 부착해 운전 데이터를 수집한 뒤, 인공위성을 통해 데이터 센터로 전송하고 분석한다. 분석한 데이터는 다시 현장에 있는 고객에게 전달되어, 건설 현장에서 사용하는 장비의 위치는 물론이고 오일 상태나 엔진 혹은 주요 구성품의 교체 시기를 알려준다. 고객 입장에서는 사전에 큰 고장을 예방할 수 있고 수리 비용을 절감하는 효과까지 누릴 수 있다.

아마존의 디지털 비전 아마존Amazon의 미션과 비전은 '고객이 사고 싶은 물건은 무엇이든 온라인에서 구매할 수 있는, 가장 고객 중심적인 조직이 되는 것'이다. "누군가 온라인에서 무언가를 구매할 때 가장 먼저 떠올리는 곳이 아마존이었으면 한다. 설령 그것이 아마존에 없는 물건일지라도 말이다. 이것이야말로 우리의 목표다." 아마존 CEO 제프 베조스Jeff Bezos가 말한 것처럼, 아마존의 존재 이유와 비전의 중심에는 고객이 있다. 그만큼 모든 서비스가 철저하게 고객 중심이다.

여기서 주목해야 할 점은 아마존의 비전 달성을 위한 비즈니스 모델과 기술의 중심에 '디지털'이 있다는 사실이다. 아마존은 재고 및 출고 관리 최적화, 공급망 수요 예측, 상품 및 서비스에 대한 지능형 추천, 로봇에 의한 배송 물류 등 비즈니스 전반에 최첨단 디지털 기술을 활용한다.

또한 핵심 사업인 전자상거래, 물류, 클라우드 등은 전부 디지털 기술에 기반을 두고 있다. 최근에는 디지털 기술을 바탕으로 무인 상점 아마존고 Amazon Go, 신선식품 마트 홀푸드마켓Whole Foods Market, 오프라인 서점 아마존북스Amazon Books 등 오프라인으로 확장하고 있다.

디지털 비전의 세 가지 형태

위 사례에서 언급한 디지털 비전은 크게 세 가지로 나눌 수 있다.

첫째, 운영 효율성을 제고하는 디지털 비전이다. 디지털 기술과 솔루션은 기업의 운영 효율성을 개선할 때 매우 강력한 효과를 발휘한다. 따라서 이러한 디지털 비전을 추구하는 기업은 운영 효율성을 통해 기업 가치를 끌어올리며 성과를 극대화하고자 한다.

둘째, 비즈니스 모델의 혁신을 추구하는 디지털 비전이다. 비즈니스 모델의 혁신은 기존과 다른 방식으로 가치를 창출하고 이를 획득하는 과정에서 만들어진 프레임워크에서 시작된다. 기업의 장기적인 생존을 위한 것이든 시장의 새로운 기회를 활용하기 위한 것이든 비즈니스 모델의 혁신은 기업에게 매우 중요한 영향을 미친다. 특히 디지털 기술은 새로운 비즈니스 모델의 탄생을 앞당긴다. 디지털 기술을 활용한 비즈니스 모델 혁신 기업 중에는 기존 시장의 패러다임을 바꿔 전체 흐름을 뒤엎는 '게임 체인저'가 많다.

셋째, 고객 경험 증대에 초점을 맞춘 디지털 비전이다. 고객 경험은 디지털 트랜스포메이션에서 가장 보편적이면서도 중심적인 가치 중 하나이다. 이를 비전의 중심에 둔 기업들은 고객에 관한 이해도를 높이기 위해 디지털에 모든 노력을 집중한다. 디지털 도구를 사용해 고객을 분석하고, 각종 채널을 통합하는 것도 이러한 노력의 일환이다. 이때 디지털 기술은 기업이 고객과 더 단단한 관계를 구축하는 수단이 된다.

디지털 시대에 적합한 리더십

리더의 역할에는 비전 제시, 비전의 현실화를 위한 기반 구축, 성장 동력 발굴, 인재상 정의 및 육성, 조직문화 변혁 등이 있다. 그렇다면 디지털 시대에 적합한 리더십은 무엇일까?

첫째, 와닿는 디지털 비전을 제시해야 한다. 디지털 시대에 앞서가는 기업들은 리더의 강력한 디지털 비전 제시를 앞세워 도약했다. 디지털 비전을 제대로 수립하려면 리더들은 디지털 기술과 비즈니스에 대한 이해도를 높여야 한다. 더불어 디지털 기술과 솔루션이 비즈니스와 어떻게 접목될 수 있는지 통찰력을 발휘해야 한다.

둘째, 디지털 인재상을 정의하고 디지털 인재를 발굴해 육성해야 한다. 디지털 시대에 적합한 인재란 혁신과 도전에 열려 있고, 디지털 기술과 솔루션에 대한 이해도가 높으며, 데이터 분석 역량이 있고, 협업과 융화 능력이 뛰어난 인재를 말한다. 디지털 인재는 디지털 기술보다 중요하기 때문에 리더들은 내부 구성원을 디지털 인재로 육성하는 동시에 필요 시 외부 인력도 과감하게 받아들여야 한다.

셋째, 데이터에 근거해 의사결정을 내려야 한다. 디지털 트랜스포메이션에서 의사결정의 가장 중요한 기준은 '데이터'이다. 빅데이터, 사물인터넷,

인공지능, 소셜네트워크 등 새로운 디지털 기술을 활용해 축적한 데이터로부터 비즈니스와 고객에 대한 통찰을 얻어야 한다. 디지털 세계에서 경쟁우위를 확보한 기업의 리더들은 데이터 분석의 중요성을 이해하고 있다. 그들은 적극적으로 데이터를 획득하고 분석해 통찰력을 키운다.

넷째, 조직문화의 변혁을 이끌어내야 한다. 조직문화는 다양한 요소의 영향을 받기 때문에 쉽게 변하지 않는다. 그러나 디지털 혁신을 하려면 반드시 새로운 조직문화가 정립되어야 한다. 구성원이 조직에서 학습하고 공유하는 신념, 규범, 원칙, 관행, 가치관이 곧 조직문화이고, 이는 구성원들의 생각과 행동 및 의사결정에 영향을 미치기 때문이다. 따라서 조직에서는 디지털에 기반을 둔 사고방식과 행동 양식이 필요하며, 이에 따라 일하는 방식도 변경할 수 있어야 한다.

디지털 시대의 조직문화는 '실험적, 분권적, 협력적, 기민성, 데이터 기반'의 성격을 가질 것이다. 경영진을 비롯한 리더는 중장기적인 관점에서 조직문화 변혁을 위한 계획을 세우고, 이를 실행해야 한다.

국내 기업의 디지털 비전과 리더십

디지털 트랜스포메이션을 위해 디지털 비전을 수립하고 리더십을 갖춘 국내 기업 사례를 살펴보자.

만드로의 디지털 비전과 리더십 3D 프린팅으로 전자 의수를 개발하는 만드로는 2014년 3월, 3D 프린터를 손쉽게 사용할 수 있는 소프트웨어 개발을 목표로 출범했다. 초기 비전은 '디자이너, 메이커, 고객, 3D 프린터 제조사, 교육 기관, 제조 스타트업 모두에게 도움을 줄 수 있는 홍익인간형 기업이 되자'였다.

이후 만드로는 3D 프린터 기술력을 기반으로 응용제품을 만들기 시작했고, 그 결과 전자 의수가 탄생했다. 이들은 '사람을 위한 기술이 아름답다'라는 모토를 기반으로 3D 프린팅 노하우와 디지털 기술의 접목을 시도했고, 저비용으로 전자 의수를 만들어 시장에 내놓았다. 제품에 걸맞게 기업의 디지털 비전도 '잃어버린 손을 찾아 새 삶을–돈이 없어서 전자 의수를 쓰지 못하는 사람은 없어야 한다는 기본 원칙 하에 저비용의 3D 프린팅 전자 의수를 개발해 새 삶을 지원한다'로 변경했다. 여기에는 만드로 이상호 대표의 경영철학이 담겨 있다.

새로 수립된 디지털 비전 아래, 만드로는 해외 전자 의수보다 가벼우면서도 약 30배가량 저렴한 획기적인 제품을 만들었다. 만드로의 제품은 망가진 부품도 3D 프린터로 손쉽게 제작이 가능해 유지보수가 간편하다는 장점이 있다. 또한 만드로는 고객을 섬세하게 관찰하면서 센서와 회로, 기계적 장치, 소켓, 악력(손아귀 힘)을 구현하는 방법, 근전도 센서의 건식전극, 전자 의수 충전 거치대 등을 자체 기술로 개발했다.

파나시아의 디지털 비전과 리더십 파나시아는 선박 평형수* 처리 설비와 육상 및 선박용 배기가스 처리 설비 등을 생산하는 중소기업이다. 특히 선박용 배기가스 처리 설비 중에서도 대기오염의 주범인 황산화물이나 질소산화물을 정화하는 친환경 설비 제작 분야에서는 글로벌 경쟁력을 갖추고

---

* 평형수 화물 적재 상태에 따라 선박의 균형을 잡기 위해 평형수 탱크에 주입하거나 배출하는 바닷물

있다.

파나시아의 이수태 대표는 강력한 디지털 리더십을 발휘해왔다. 일찌감치 스마트팩토리의 가능성을 본 그는 로봇, 빅데이터, 사물인터넷 등 디지털 기술을 생산공정에 접목하려는 노력을 지속해왔다.

이수태 대표는 디지털 혁신을 본격적으로 추진하기 위해 "e파나시아는 조선·해양플랜트 제조업체 파나시아를 제조·디지털 융합 해양서비스 기업으로 전환하기 위한 발판이다"라고 강조하면서 자사의 디지털 비전을 선포했다.

그 뒤로 파나시아는 생산 공정에 MES 도입, 로봇에 의한 자동화 공정 구현, 내장형 센서로 수집한 빅데이터 분석 및 적용을 통한 사전 예방 서비스 제공 등 다방면에서 디지털 혁신을 위해 노력했고, 이에 힘입어 파나시아는 매출이 아홉 배나 올랐다. 디지털 비전과 전략, 실행이 유기적으로 이뤄져 성과로 이어진 대표적인 사례로 손꼽힌다.

제너시스BBQ의 디지털 비전과 리더십 치킨 프랜차이즈 제너시스BBQ는 '디지털 혁신으로 자동화된 플랫폼 구축을 통해 전 세계 인류에게 가장 맛있고 건강한 디지털 감성과 행복을 선사하는 글로벌 프랜차이즈 1등 기업'이라는 새로운 디지털 비전과 '기하급수 기업으로!'라는 공유가치를 선포했다.

디지털 트랜스포메이션을 목표로 삼은 제너시스BBQ는 5대 실행 과제를 발표했다. 첫 번째 과제는 옴니 채널을 구축해 주문의 편리성을 높이고, 빅데이터 기반의 챗봇과 인공지능 서비스로 디지털 고객가치를 혁신하는 것이다. 두 번째 과제는 예비 가맹점 창업자에게 상권 분석을 토대로 손익 시뮬레이션 및 3D 모델링 인테리어를 빠르게 보여주는 스마트 창업 컨설팅 시스템을 구축하는 것이다. 세 번째 과제는 디지털 주문 시스템과 조리 로봇 등을 활용해 자동화된 디지털 매장을 만드는 것이다. 네 번째 과제는 자율 배송 플랫폼을 확대하는 것이며, 마지막 과제는 전 프로세스를 혁신해 스마트 워크플레이스Smart Work Place를 만드는 것이다.

이를 위해 제너시스BBQ는 디지털 트랜스포메이션 전담 임원을 영입하고 전담 부서를 신설하는 등 디지털 역량을 강화하는 데 박차를 가하고 있다. 4차 산업혁명 시대를 맞아 프랜차이즈 기업 최초로 디지털 초일류 기업이 되겠다는 야심을 품은 제너시스BBQ는 '디지털 비전 선포식'을 개최했으며, 조직 내부에 혁신 DNA를 심어 더 강하고 가치 있는 기업으로 나아갈 기반을 마련했다.

중소기업을 위한 실전 가이드

그렇다면 중소기업은 디지털 비전과 리더십을 어떻게 실현할 수 있을까? 중소기업의 현황을 고려해 경영진에게 제안하는 실천적 팁이자 다섯 가지 가이드를 제안한다.

첫째, 경영진을 중심으로 디지털 이해도를 높여야 한다. '디지털'이라고 하면 기술이 먼저 떠올라 어렵다고 느끼거나 두려움을 갖기 쉽다. 그러나 디지털 기술과 솔루션에 대한 기본적인 이해만 있어도 디지털 기술이 비즈니스에 어떤 영향을 미칠지 잠재적 효과나 접목 가능성을 쉽게 생각해볼 수 있다.

임원을 상대로 외부 전문가의 특강을 개최하거나 관련 서적을 읽고 토론하는 시간을 가질 필요가 있다. 큰돈을 들이지 않고도 학습 기회는 얼마든지 찾을 수 있다. 온라인에서 많은 자료와 정보를 얻을 수 있고, 관련 공공기관이나 연구소에서 작성한 자료와 논문도 도움이 된다. 다만, 학습 시에는 디지털 기술 자체에만 매몰되지 않도록 주의해야 한다. 결국 디지털 기술도 기업의 성과를 높이기 위한 도구일 뿐이다.

둘째, 다양한 성공 사례를 학습해 디지털 기술과 비즈니스가 어떻게 접목되는지 통찰을 얻어야 한다. 물론 다른 기업의 성공 사례가 반드시 자사에 맞는 솔루션은 아닐 수 있다. 하지만 국내 중소기업뿐 아니라 해외 기업, 대기업 등 다양한 사례를 통해 디지털 트랜스포메이션을 위한 각각의 비전과 전략 목표가 무엇이었는지 탐색하다 보면 좋은 아이디어를 얻을 수 있다.

우리는 작은 기업이라 규모 면에서 다르다고 생각할 필요는 없다. 성공 사례 학습은 초기 시행착오를 줄여주는 데다, 비즈니스 이해도가 높은 경영진에게 디지털 기술 접목 시 무엇을 고려해야 할지 알려준다. 성공 사례를 만든 기업을 방문해 이야기를 듣고 질문하는 시간을 갖는 것도 좋다.

셋째, 디지털 비전을 달성하기 위해 경영진은 큰 그림을 그리고, 여기에 조직 구성원을 참여시켜야 한다. 디지털 트랜스포메이션이 성공하려면 반드시 하향식 접근법이 필요하다. 경영진이 먼저 팀을 이뤄 기존 경영 비전과 목표에 디지털 기술을 어떻게 접목해야 회사의 성장과 새로운 변화를 이끌어낼 수 있을지 고민해야 한다.

이때 운영 효율성 제고, 비즈니스 모델 혁신, 고객 경험 증대 중 어느 가치에 더욱 중점을 둘 것인지 검토하고 이를 메시지로 다듬는 일이 우선이다. 앞에서 소개한 기업들의 사례를 참고해 중요한 키워드 몇 가지를 도출하고 이를 하나의 비전 기술문으로 작성할 수 있다. 비전 기술문은 한 번에 완벽하게 작성할 수 없으며, 지속적인 수정과 보완이 필요하다. 본격적인 디지털 트랜스포메이션을 위한 조직이 만들어지기 전이라도, 팀을 이룬 경영진과 핵심 인력이 함께 워크숍에 참여해 문구를 만들고 비전 기술문을 작성한다.

넷째, 경영진은 디지털 비전과 메시지를 조직 구성원에게 끊임없이 알려야 한다. 정리된 주요 메시지를 내부 포털, 월례 조회, 주간 회의 등 다양한 매체를 통해 조직 구성원에게 지속적으로 알리면서 '디지털'이라는 용어가 빠지지 않도록 해야 한다. 비전의 핵심 메시지가 조직에 얼마나 잘 스며들고 있는지는 각종 보고서나 회의 안건 등을 보면 가늠할 수 있다. 관련 용어가 자연스럽게 자주 표출될수록 이러한 노력이 잘 이뤄진 것이다.

다섯째, 비전의 실행력을 높이기 위해 디지털 트랜스포메이션을 추진할 조직을 구성해야 한다. 이를 전담할 임원을 임명하고, 세부 전략과제 도출 및 실행을 위한 전담 조직도 만들어야 한다. 중소기업은 외부에서 전문가를 영입하는 게 쉽지 않을 수 있다. 따라서 기획이나 디지털 분야를 담당하는 임원을 겸직으로 임명하거나 외부에서 도움을 줄 자문역을 선정하는 등 현실적인 대안을 찾아야 한다.

또는 임원급에서 전사 디지털 체제 확립 및 컨트롤 타워 역할을 담당할 조직을 구성할 수도 있다. 내부에서 만들어지는 조직도 기획 부서를 중심으로 현업의 핵심 인력을 태스크포스 팀으로 묶어 운영하는 편이 바람직하다.

내부에서 선발된 인력에 대해서는 다양한 내·외부 학습 기회를 마련해 3개월 정도 집중적인 교육을 해야 한다. 태스크포스 팀 구성원의 경우 최소한 하루 업무 시간의 30% 정도는 디지털 트랜스포메이션 관련 업무에 매진할 수 있도록 조직 차원에서 배려와 동기부여를 해주는 것이 필요하다.

CHAPTER 03

디지털 전략과제 추진

새로 수립한 디지털 비전과 목표를 제대로 실행하려면 디지털 기술에 의한 혁신 추진 과제, 즉 전략과제를 도출해야 한다. 전략과제는 두 가지 차원에서 검토한다. 하나는 전략과제 도출 및 우선순위 검토로, 어떠한 영역에서 어떤 전략과제를 도출할지에 관한 것이다. 다른 하나는 전략과제 추진 및 실행 차원의 검토로, 이미 도출된 전략과제를 어떻게 하면 잘 실행할 수 있을지에 관한 것이다.

디지털 전략과제 도출 및 우선순위 결정

디지털 전략과제의 도출 대상과 범위, 진행 방법은 무엇일까? 우선 디지털 진략과제를 도출하기까지 이떤 단계를 거치는지 살펴보자.

첫 번째 단계는 전사 차원의 디지털 비전과 목표로부터 전략과제를 도출하고 정의하는 것이다. 이는 디지털 비전과 목표로부터 디지털 전략 방향과 과제를 확산시키는 과정이다. 예를 들어, '혁신을 통한 초격차 디지털 리딩뱅크 도약'을 디지털 비전으로 삼은 은행에서는 이를 달성하기 위해 '디지털 뱅크 혁신, 디지털 신사업 도전, 디지털 운영 효율화, 디지털 기업문화 구현' 등 4대 전략을 세웠다.

일반적으로 전략 방향성 및 거시적 측면에서의 전략과제는 디지털 기술과 솔루션을 접목한 운영 효율화, 비즈니스 모델 개편 및 개발(디지털 신사업 도전, 기존 사업 재편, 디지털 기반의 새로운 제품이나 서비스 개발, 기존 제품 혹은 서비스에 디지털 기술 접목), 디지털 인적역량 강화 및 조직문화 개선, 협업 및 정보 관리 등의 영역에서 찾는다. 이런 큰 단위의 전략과제를 바탕으로 중점 추진과제를 세우고, 각 사업 부서 혹은 프로세스 차원에서 세부적으로 분석해 실행과제를 도출한 뒤 이를 연계 및 통합한다.

두 번째 단계는 세부적인 사업 단위 혹은 비즈니스 프로세스 체인 상에서 전략과제를 도출하는 것이다. 이 단계에서는 주요한 업무 프로세스를 펼쳐 놓고 업무별로 이슈를 점검한 뒤 개선점이나 새로운 기회를 탐색한다. 이때 디지털화를 통해 업무 성과를 높일 수 있는 영역을 발굴하는 데 초점을 맞춘다.

가치사슬value chain* 이나 프로세스는 업종 고유의 프로세스와 공통 프로세스 두 가지로 구분할 수 있다. 업종 고유의 프로세스는 해당 기업이 속한 산업 특성에 따른 것으로, 예컨대 건설업종의 경우 계약 관리, 실행 관리,

---

* 가치사슬 기업이 가치창출을 위해 수행하는 설계, 생산, 판매, 운송, 지원 등을 포함하는 제반 활동의 연결 관계

협력업체 관리, 구매 자재 관리, 노무 관리, 장비 관리 등이 포함된다. 공통 프로세스에는 인사·급여 관리, 회계 관리, 원가 관리 등이 있다.

이처럼 각 프로세스마다 세부 프로세스와 직무 기능이 존재한다. 이들을 펼쳐 놓고 운영 효율성 제고, 비즈니스 모델 혁신, 고객 경험 증대, 인적역량 및 조직문화 개선, 협업 강화 등의 관점에서 디지털 기술과 솔루션을 접목했을 때 개선되거나 새로운 기회를 창출할 수 있는 부분이 어디인지 분석해야 한다. 이렇게 도출된 디지털 혁신과제는 다시 디지털 비전과 목표, 전략적 방향성과 이어지도록 연계해야 한다.

세 번째 단계는 도출된 디지털 혁신과제를 검증하고 세부적으로 정의하는 것이다. 이 과정에서 어떤 과제는 통합 혹은 조정되거나 없어질 수도 있다. 과제 정의에는 과제의 목적, 개요, 현상, 개선 방안, 핵심성과지표KPI, 투입 예산, 필요한 디지털 기술과 솔루션, 일정 등이 포함되어야 한다.

국내 기업이 디지털 트랜스포메이션에서 중시하는 과제의 우선순위는 무엇일까? 한 조사에 따르면, 국내 기업은 운영 효율성 최적화(66%), 다양

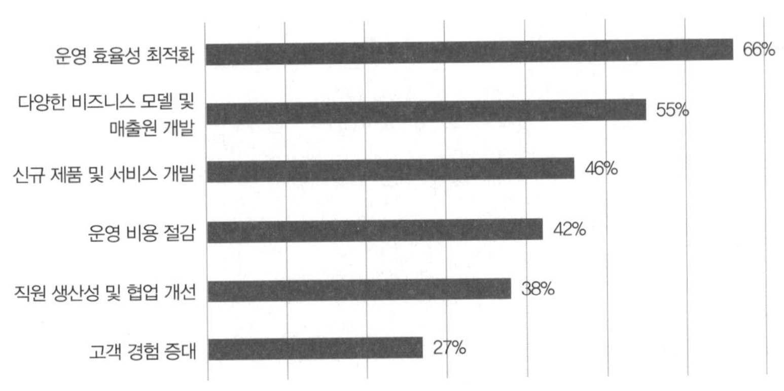

그림 2.3 디지털 트랜스포메이션에서 중시하는 비즈니스 우선순위 과제(자료: CA Technologies)

한 비즈니스 모델 및 매출원 개발(55%), 신규 제품 및 서비스 개발(46%)에 전략적 우선순위를 두고 비즈니스를 혁신하는 것으로 나타났다. 운영 비용 절감(42%), 직원 생산성 및 협업 개선(38%), 고객 경험 증대(27%)가 그 뒤를 이었다(그림 2.3).

이런 단계를 거쳐 경우에 따라 다수의 디지털 혁신과제가 도출되기도 한다. 이때에는 우선적으로 추진해야 할 과제를 선정하는 일도 해야 한다. 그렇다면 디지털 전략과제의 도출 및 우선순위 결정에서 고려해야 할 사항은 무엇일까? 이는 다섯 가지로 살펴볼 수 있다.

첫째, 디지털 전략과제는 디지털 비전과 목표에 적절히 연계되어야 한다. 도출된 전략과제는 다시 쪼개어 세분화할 수 있으나, 모든 전략과제는 디지털 비전과 목표에서 파생되어야 한다. 또한 거시적인 전략과제는 사업 단위, 업무 영역, 프로세스 등에서 미시적으로 도출된 과제와 연계되어 통합된 모습을 갖춰야 한다.

둘째, 디지털 전략과제는 비즈니스 환경과 특성, 동종업계 및 경쟁자의 변화를 신속하게 반영해야 한다. 디지털 전략과제는 비즈니스의 특성과 업계 환경, 경쟁자 동향, 기술적·제도적 변화 등에 많은 영향을 받고 있으며, 기업의 본질적인 비즈니스와 동떨어져 있지 않다. 전략과제를 실행하면서 디지털 기술과 솔루션의 접목을 통해 강점은 강화하고 약점은 보완할 수 있다. 주어진 기회를 최대한 활용하는 동시에 위협 요인을 제거하거나 회피할 수 있는 것이다.

셋째, 디지털 전략과제는 고객가치 극대화에 초점을 맞춰야 한다. 운영 효율성 제고, 비즈니스 모델 혁신, 고객 경험 증대와 같은 중요한 핵심 가치의 중심에 '고객'이 있음을 놓쳐서는 안 된다. 모든 디지털 전략과제는 고객에 초점을 맞춰 실행해야 하며, 조직 내부의 운영 효율성 제고나 협업 강화 과제 역시 궁극적으로 고객 가치 제고에 도움을 주는 것이어야 한다.

넷째, 디지털 전략과제는 체계화되고 구체적으로 정의되어야 한다. 사업부서나 조직별로 도출된 아이디어와 과제는 서로 중복 혹은 상충될 수 있기 때문에 디지털 트랜스포메이션을 주관하는 부서가 과제를 평가하고 조율해야 한다. 이를 위해 아이디어 제안과 과제 채택 과정에서 많은 논의가 필요하며, 몇 가지 중요한 지침과 기준을 정해 점검하고 보완해야 한다.

도출된 과제들이 전체적인 전략 방향성에 부합하는지도 점검해야 한다. 조직원들의 참여로 아이디어를 모으고 과제를 수행하는 방식이든, ISP(Information Strategy Planning, 정보전략계획)*를 통해 과제를 체계화·정교화해 정리하는 방식이든, 이해관계자들의 심도 있는 토론을 끌어낼 수 있어야 한다. 이때 고객과 외부 전문가도 토론에 참여시키는 것이 좋다.

다섯째, 우선순위에 따른 일정 계획을 세워야 한다. 개별 프로젝트는 규모에 따라 3개월~1년 정도 소요된다. 그러나 전체 디지털 트랜스포메이션은 3~5년 정도 기간을 두고 추진한다. 여러 과제가 동시에 추진되기도 하고 대부분 복잡성과 위험성을 어느 정도 안고 있다. 따라서 잘 짜여진 일정 계획이 필요하다. 다만, 일정을 세울 때는 과제 간 상호연계성이나 선후관계가 생길 수 있다는 점을 고려해야 한다.

이 과정에서 과제 특성을 분석할 필요가 있다. 전략적 중요도, 자원 투입의 효율성 등 기준을 세워 단기적 과제인지 중장기적 과제인지, 실행하면 좋은 과제인지 버려야 할 과제인지 평가해야 한다.

---

* ISP 조직의 경영목표 및 전략을 효과적으로 지원하기 위한 정보시스템 비전과 전략을 수립하는 과정

디지털 전략과제의 실행력 향상

위 단계를 거쳐 디지털 전략과제가 도출되었다면, 과제의 실행력을 높이기 위한 방안을 살펴볼 필요가 있다. 다섯 가지 방안을 차례로 보자.

첫째, 디지털 전략과제별 오너십, 즉 역할과 책임이 분명하게 설정되어야 한다. 전략과제가 추진력을 가지려면 조직 내에서 명확한 역할 분담이 필요하다. 전사 차원의 전략과제 체계화는 디지털 트랜스포메이션의 컨트롤 타워나 프로젝트 관리 조직에서 주관해야 한다. 다만, 특정 부서의 과업이 명확할 때는 해당 부서가 주관할 수 있도록 한다. 몇 개 부서가 연계된 과제의 경우 협의체를 구성하되 주된 역할을 담당하는 조직을 지정한다. 역할 분담 결과는 상세 과제정의서에 포함하고 본격 실행을 위한 책임자를 임명한다.

둘째, 디지털 전략과제를 수행하는 데 필요한 예산의 적절한 반영과 투자를 위한 자금 조달 계획이 확정되어야 한다. 예산 수립은 과제의 도출과정의 못지 않게 중요하다. 전사적으로 추진하는 전략과제가 많을 경우 상당한 양의 자금 투입이 필요하다. 그러나 대부분의 조직에서 투자 가능한 자금은 한정적이다. 이때는 우선순위에 따라 시급성을 정의하고, 가능한 순차적이고 단계적으로 접근해야 한다. 정보전략계획 등 선행 프로젝트를 통해 과제별 컨설팅, 하드웨어, 소프트웨어 등에 투입되는 대략적인 예산을 파악할 수 있다.

내부적으로 예산을 세우는 경우 시장 조사와 사례 조사를 통해 적정한 비용을 산정한다. 과제별 예산이 확정되면 자금조달 계획을 수립하고, 예산 범위가 한정되어 있다면 과제를 재검토해 시급하고 중요한 과제부터 추진해야 한다. 예산이 확보되지 않은 상황에서 무리하게 디지털 트랜스포메이션을 추진하면 실패 확률이 높아지기 때문이다. 정부 등 외부기관의 지원 정책 및 자금 지원을 찾아서 신청하는 것도 좋다. 뛰어난 아이디어로 상품화까지 가능하다면 외부 투자를 받을 수도 있다. 솔루션이나 인프라도 클라우드 방식을 적극 활용하면, 월 단위 과금이 가능하므로 초기 투자를 최소화할 수 있다.

셋째, 정기적으로 디지털 전략과제를 검토 및 갱신하며, 수행 현황과 진도를 체계적으로 모니터링해야 한다. 디지털 전략과제 수행은 과제 규모에 따라 관리의 복잡성이 저마다 다르게 나타난다. 예를 들어, 디지털 마케팅 도입 시에는 사전 조사 및 준비 단계를 거쳐 고객 관리 전략 수립, 고객 데이터 통합 및 고객에 대한 통합적 관점 탐색, 고객 데이터 유지관리, 캠페인 기획 및 수행, 전달 매체 정의, 캠페인 전환율 평가 등의 작업이 필요하고, 이 과정을 시스템으로 구축해야 한다.

시스템 구축 후에는 실제 성과를 모니터링하고, 최신의 고객 데이터로 운영될 수 있도록 지속적으로 관리해야 한다. 여기에 고객 피드백이나 내부 사용자의 피드백을 반영해 시스템을 꾸준히 고도화할 필요가 있다.

넷째, 디지털 전략과제의 성과에 대한 평가지표가 있어야 하며, 성과 피드백과 전파 및 공유 방안이 보상과 연계되어야 한다. 과제 정의 시 디지털 전략과제 수행으로 무엇이 바뀌며 어떠한 기대 효과가 있는지를 설정해야 한다. 그 후, 이에 따른 성과지표 및 목표를 명확히 세워 성과에 대한 피드백과 성공적인 사례의 내부 공유 등을 통해 상호학습이 이뤄져야 한다. 이때 성과에 따른 보상 제도가 연계되어야 구성원에게 동기를 부여할 수 있다.

다섯째, 디지털 전략과제 수행에 필요한 자원, 담당 조직, 전문인력, 제도를 확보해야 한다. 디지털 전략과제를 성공적으로 수행하려면 담당 조직과 전문인력의 구성이 필수적이다. 인력이 부족한 경우 주관 부서를 선정하고, 전략과제를 추진할 수 있도록 현업과 업무 조율이 필요하다. 전략과제 전담 조직은 경영진의 후원과 현업 부서의 참여도를 함께 높이기 위해 노력해야 한다. 필요 시 조직 개편이나 인사 이동을 통해 디지털 전략과제를 효과적으로 수행할 기반을 마련할 수도 있다. 관련 규정을 개정하는 등 제도적인 보완도 뒤따를 수 있으므로, 이를 실행할 가능성도 염두에 둔다.

주요 기업의 전략과제 도출과 실행 사례

전략과제의 도출은 디지털 비전을 중심으로 전체적인 전략 방향성을 위에서 정해 아래로 전달하는 톱다운top-down 방식과 조직별, 프로세스별, 제품·서비스별로 나눠 내부 과제를 도출해 공유하는 보텀업bottom-up 방식을 통합해 이뤄진다. 정보전략계획 등 전통적인 방식으로 디지털 전략과제를 도출하고 체계화하며 테스트할 수도 있다. 하지만 최근에는 많은 기업이 이노베이션 랩, 디스커버리 워크숍, 해커톤, 디자인 씽킹 등의 방식을 적극 활용하고 있다.* 주요 기업의 추진 사례를 통해 시사점을 찾아보자.

아모레퍼시픽의 이노베이션 랩 아모레퍼시픽은 '디지털·모바일 혁신의

---

* 195쪽 '디지털 트랜스포메이션을 위한 도구들' 참조

선제적 추진'을 가치로 내걸며 새로운 리테일 환경에 맞는 영업·마케팅 방식을 도입하고 있다. 디지털 환경에 대한 이해도 증진, 전문 인력 확보, 다양한 선진 디지털 기술 도입 등을 통해 급속하게 변화하는 디지털 환경을 선도하는 기업으로 거듭난다는 전략이다.

이를 위해 아모레퍼시픽은 '디지털 이노베이션 랩'을 신설해 인공지능, 사물인터넷, 증강현실, 가상현실 등 뷰티 산업에 적용할 신기술을 연구하고 있으며, 디지털 혁신과제의 도출과 구체화까지 수행하고 있다.

아무리 훌륭한 아이디어를 기반으로 만든 과제라 해도 기존 업무와 새로운 과제를 병행하기란 쉽지 않다. 따라서 기존 사업과 관계없이 새로운 서비스, 제품, 비즈니스 모델의 가능성을 찾고 실험하는 이노베이션 랩을 신설해 장기적인 관점에서 새로운 아이디어를 실험할 수 있는 기반을 마련했다. 디지털 이노베이션 랩은 실패를 두려워하지 않고 다양한 아이디어를 개방적으로 받아들이는 분위기를 만드는 데 일조한다.

페이스북의 해커톤 페이스북Facebook은 두 달마다 해커톤 행사를 개최한다. 해커톤에는 개발과 직접적으로 관련 없는 부서의 직원도 참여할 수 있으며, 참가자들은 24시간 내에 모든 활동을 끝내야 한다. 참가자들은 평소 꿈꿔왔던 이상적인 제품, 도전 과제, 즉석에서 떠오른 아이디어 등을 구체화하고 이를 시제품으로 만들어낸다. 여기서 만들어진 결과물은 정상 작동함을 전제로 사람들에게 일종의 경험을 부여해야 한다.

미국 내 각 지역에서 좋은 평가를 받은 팀들은 캘리포니아에 있는 페이스북 본사로 초대돼 마지막 승부를 겨룬다. 채팅, 타임라인, '좋아요' 버튼, 영상 통화, 댓글 내 태그 등 수많은 기능이 해커톤을 통해 개발됐다. 해커톤은 페이스북의 성장을 이끄는 중요한 동력이다.

페이스북의 해커톤 성공 사례가 유명해지면서, 해커톤은 디지털 기업들 사이에서 유행처럼 퍼져 나가 전략과제 도출 실행 도구로 자리 잡았다. 구글, 에버노트, 삼성전자 등 다양한 기업이 해커톤과 유사한 행사를 진행하며, 자동차 업계, 정부 주도 산업 등 타 분야에서도 해커톤 대회가 열린다. 해커톤은 행사 성격에 따라 다르게 운영될 수 있지만, 디지털 혁신과제를 도출하고 실험하는 데 있어 유용한 방법이다.

구글의 디자인 씽킹 구글Google은 스타트업을 발굴하고 육성하는 구글 벤처스Google Ventures를 통해 디자인 씽킹 방법론을 적용하고 있다. 구글은 디자인 씽킹으로 문제를 해결하는 5일간의 집중 워크숍 프로세스인 스프린트Sprint를 개발했다. 스프린트에서는 다양한 이해관계자가 한자리에 모여 아이디어를 수집하고 평가하며 피드백을 주고받는데, 이 과정에서 함께 과제를 도출하고 해결 방안을 찾기 위한 테스트를 진행한다.

스프린트는 해당 분야의 전문가들이 일곱 명 이내의 팀을 이뤄 5일간 아침 10시부터 오후 5시까지 목표에 따라 일별 과제를 진행한다. 월요일에는 장기적인 목표를 세우고, 문제점과 장애 요인을 찾아본다. 화요일에는 주어진 과제에 대한 해결책을 찾는다. 수요일에는 중요한 결정을 내리며, 목요일에는 상품화 이전의 기본 모델(프로토타입)을 만든다. 금요일에는 사용자 반응을 토대로 앞으로의 진행 방향을 결정한다.

디자인 씽킹의 중심지는 스탠포드의 디 스쿨D.school이다. 구글, 비자Visa, 펩시Pepsi, P&G 등 많은 글로벌 기업이 디 스쿨과 협업 관계에 있다. 특히 애플의 제품과 서비스 개발 과정에 디자인 씽킹의 특징이 잘 녹아 있다. 사용자가 무엇을 원하고 필요로 하는지, 사용자가 기기와 어떻게 상호작용하는지에 착안해 제품을 디자인한 후, 만족할 만한 결과물이 나오면 기술적으로 어떻게 구현할지 고민하는 과정을 거친다. 국내에서도 삼성, LG, 롯데, SK, GS, CJ 등의 기업들이 디자인 씽킹을 학습하고 적극적으로 활용하는 추세다.

중소기업을 위한 실전 가이드

그렇다면 중소기업은 디지털 전략과제를 어떻게 도출하고 추진해야 할까? 중소기업의 현황을 고려해 경영진에게 제안하는 실천적 팁이자 가이드를 네 가지로 정리했다.

첫째, 비즈니스 성과를 창출하는 데 있어 중요하고 시급한 과제 몇 개에 초점을 맞춰야 한다. 과도한 욕심은 금물이다. 거창한 과제보다는 현실성 있고, 성과에 직접적인 도움을 주며, 내부 역량으로 추진할 수 있는 과제를 중심에 둬야 한다. 만약 운영 프로세스의 디지털화가 전혀 이뤄지지 않았다면 기본적인 시스템 도입 등을 먼저 추진해야 한다.

그러나 운영 프로세스가 어느 정도 디지털화되어 있다면, 디지털 기술의 접목으로 새로운 제품이나 서비스, 비즈니스 모델을 만들어낼 수 있는지 검토한 후 관련 과제를 정리할 필요가 있다. 디지털 인적역량 강화 및 조직문화 개선, 협업 및 정보 관리도 검토 대상이 될 수 있다.

둘째, 작은 것부터 출발하는 편이 좋다. 중요하고 시급하면서도 자원 투입이 가능하고, 단기간에 가시적인 성과를 거둘 수 있는 과제에 집중해야 한다. 작은 과제의 성공 경험은 다른 과제에 도전할 때 큰 힘이 될 수 있다. 성공 습관과 경험을 확산하고 이를 조직문화로 내재화하려는 노력이 필요하다.

셋째, 외부의 도움을 적극 활용해야 한다. 디지털 전략과제를 도출하고 이를 효과적으로 수행하려면 중소기업 자체 인력만으로는 어렵다. 가능하다면 전문기관, 연구소, 대학 등과 업무 협약을 맺어 협력 체제를 구축해야 한다. 해커톤이나 이노베이션 랩 등의 방식을 활용하되 고객과 파트너, 외부 전문가 등이 적극적으로 참여하도록 유도한다.

만약 다양한 방법론에 대한 이해가 부족하거나 담당 인력의 전문성이 낮다면, 외부에 개설된 교육과정에 참여시켜 단기간에 역량을 끌어올려야 한다.

넷째, 과제를 수행할 예산을 확보하기 위해 정부 및 공공기관의 다양한 지원 사업에 적극 참여하거나 초기 자본 투자가 불필요한 클라우드 방식의 솔루션이나 플랫폼을 적극 활용해야 한다. 중소기업은 여건상 자금 투자가 많은 과제는 하고 싶어도 할 수가 없다. 이때 자체 개발보다는 외부의 크라우드 펀딩 서비스나 플랫폼을 활용하는 데 우선순위를 둬야 한다.

구체화된 아이디어를 사업화하기 위한 자금을 구할 때는 와디즈Wadiz나 킥스타터Kickstarter 등 크라우드 펀딩 사이트를 활용할 수 있다. 가상현실 기기 개발사인 오큘러스 리프트Oculus Rift는 킥스타터에서 250만 달러(약 30억 원)의 펀딩을 받았다.

• CHAPTER 04 •

디지털 혁신 영역

디지털 트랜스포메이션을 효과적으로 실행하려면 어떤 영역을 대상으로 추진해야 할까? 기업의 경우 운영 효율성, 비즈니스 모델, 고객 접점 효율화 및 고객 경험 증대, 협업과 정보 공유 영역 등으로 구분할 수 있다. 이제 이 네 가지 영역에서 디지털 트랜스포메이션을 어떻게 수행할 수 있는지 살펴보자.

운영 효율성 제고

디지털 기술이나 솔루션을 활용해 회사의 운영 효율성을 높이는 방법에는 무엇이 있을까? 운영 효율성 제고의 네 가지 유형과 그 특징을 살펴보도록 하자.

유형 ① 전사 프로세스의 표준화·통합화

기본적으로 프로세스는 특정 요소가 유입되면 순차적으로 흘러가면서 다른 요소와 연계되어 최종 결과물에 이르는 과정을 일컬으며, 보통 업무 단위로 연결된다. 이러한 프로세스는 비즈니스 관점에서 보면 크게 두 가지로 분류할 수 있다. 하나는 건설, 금융, 제조, 교육, 유통, 의료 등 업종 고유의 프로세스이고, 다른 하나는 재무, 구매, 인사·급여, 관리 회계 등 기업 단위의 공통 프로세스다(그림 2.4).

이러한 프로세스는 프로세스 맵을 통해 가시화하고 구체화할 수 있다. 프로세스 맵을 이용하면 주문 접수부터 수금까지, 구매부터 지급까지, 생산 계획에서 납품까지, 제품 개발에서 출시까지 전체 흐름을 파악할 수 있다. 또한 조직 측면에서 보면 개별 부서, 사업 부문, 기업 전체, 글로벌 차원에 이르기까지 전체를 통합 관리하는 체제와 운영 프로세스를 포함한다. 이때 모든 프로세스는 물物의 흐름에서 돈의 흐름으로 통합되고, 이 흐름은 모두 데이터(정보)로 표현된다.

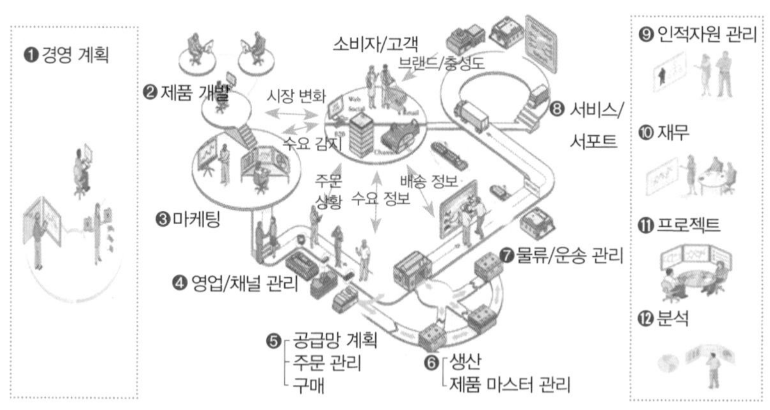

그림 2.4 제조기업의 프로세스(예)

기존의 디지털 기술과 솔루션은 프로세스의 표준화·자동화에 기여해왔다. 이를 디지털라이제이션이라고 부르기도 하는데, 대표적인 디지털 기술로 ERP를 들 수 있다. 만약 프로세스 맵에서 디지털화가 부족하거나 개선이 필요한 부분이 있다면, 그 부분부터 재검토해야 한다. 특히 중소기업은 대부분 회계처리를 중심으로 전산시스템을 빌려 쓰거나 재무 중심의 ERP를 사용하거나, 수작업에 의존해 업무를 처리하고 있는 경우가 많아서 이를 집중적으로 살펴봐야 한다.

이때, 기업의 근간이 되는 모든 프로세스가 표준화되고 통합되는 것이 중요하다. 프로세스의 통합이란 판매(수주), 생산, 구매, 재고, 회계 등의 주요 프로세스가 연계되어 업무 흐름이 관통되는 것을 의미한다. 예를 들어, 수주기업의 경우 수주를 받으면 주문 처리를 하고, 이에 따른 생산 계획을 수립해 공장 생산라인에 작업 지시를 내리고 생산을 한다. 이때 필요한 자재 등을 구매하고 재고 관리를 한다. 이러한 물류 흐름의 결과는 매출, 원가 등으로 회계 처리되고 최종적으로 결산을 통해 마감한다.

기업의 기본적인 활동이 이러한 프로세스에서 일어나며, 이러한 과정에서 통합이 이루어지지 않는다면 데이터의 부정확, 회계결산에 대한 신뢰성 저하, 정확한 원가 산정의 한계, 물류 흐름 파악 곤란, 재고 관리 미흡, 주문 처리 지연과 납기 준수 미흡, 품질 부적합, 생산 계획과 실행의 차이 등의 문제에 부딪힐 수밖에 없다.

이를 해결하기 위해 조직, 회계 계정, 아이템(품목), 공급자, 고객 등에 관한 마스터 데이터master data*를 명확히 정의하고 코드 표준화를 추진해야

---

* **마스터 데이터** 기업의 모든 비즈니스 활동 및 의사결정의 근간이 되는 기준 데이터

한다. 그 후 각 프로세스를 표준화해서 통합한다. 이를 통해 데이터의 정확성, 신뢰성, 적시성, 추적성을 확보할 수 있다.

CHECK 프로세스 체크 포인트

- 업무 프로세스에서 발생하는 이슈는 무엇인가?
- 이슈 해결을 위해 표준화가 필요한 영역은 무엇인가?
- 자동화가 필요한 영역은 무엇인가? ERP 또는 SCM의 도입이나 업그레이드가 필요한가?
- 프로세스 간 연계가 자동화되어 있는가?
- 물(物)의 흐름과 돈의 흐름이 잘 연계되어 있는가?

유형 ❷ 특정 프로세스 차별화 및 고도화

표 2.5에서 볼 수 있듯이, 제조업은 장차 수요의 변화, 제품의 변화, 제조방식의 변화, 공급망 가치사슬의 변화 등 다양한 측면에서 많은 변화를 겪게 된다. 특히 가치 창출과 가치 확보를 위한 방법을 찾는 경쟁에서 신생기업의 민첩성이 기존 기업을 뛰어넘을 것이다. 또 한정된 품목의 대량생산에 전적으로 의존했던 제조업체들은 기술 변화 속도가 빨라지고 제품의 수명주기가 짧아지면서 어려움에 처할 위험이 크게 증가할 것이다.

이와 같이 제조업 환경이 변화하면서 사물인터넷, 로봇, 인공지능, 빅데이터 등 디지털 기술을 이용해 전체적인 생산 프로세스를 디지털화 · 최적화하는 기업들이 늘고 있다.

결국, 제조업의 환경 변화에 따라 더 많은 센서와 전자 장비가 통합되는가 하면, 프로세스의 디지털화, 디지털 생산 도구 활용의 증가, 각종 공정에서 디지털화된 정보의 전송 및 관리, 제품의 스마트화 · 지능화가 가속화

변화 영역	내용
수요의 변화	• 소비자들의 권리 증대, 개인화(개개인에 맞게 제품 속성을 정의), 맞춤화 • 소비자 또한 점점 더 자신이 구매하는 제품의 개발 과정에 참여하려는 니즈 증가 • 틈새 시장 활성화(규모의 경제보다 범위의 경제를 통해 시장에서 원하는 제품을 제공)
제품의 변화	• 제품 설계 방식의 광범위한 개인화와 맞춤화, 플랫폼화, 모듈화, 첨단화 • 연결성이 증가하면서 제품의 스마트화 진전 (연결성, 지능화, 반응성) • 디지털 인프라의 확장은 제품에서 서비스로의 전환 촉진, 비즈니스 모델 재조정(제품과 서비스 결합)
제조 방식의 변화	• 적층 제조기법(한 번에 한 층씩 겹겹이 쌓아 구조물을 제조하는 방식), 로봇공학, 재료공학의 빠른 발전과 융합은 제품의 범위와 제조 방식 확장 가속화 • 디지털 인프라의 기하급수적 발전으로 인한 학습, 시장 진입, 제품 · 서비스의 상업화에 대한 진입 장벽 붕괴 • 다품종 소량생산을 비용 효과적으로 만들어주는 첨단기술 활용
공급망 가치사슬의 변화	• 제조 업체들이 소비자들과 직접 교류 • 시제품과 양산품 간의 격차 축소 및 아이디어의 제품화 속도 증가 • 재고 비축을 위한 제조(수요 예측 후 제품 생산) → 주문 대응을 위한 제조(온라인 판촉과 선주문)

표 2.5 제조업의 변화 내용

될 것이다. 그리고 그 핵심에는 사물인터넷, 클라우드, 빅데이터, 인공지능, CPS(Cyber Physical System, 가상물리시스템)* 등 디지털 기술이 자리하게 될 것이다.

생산 현장에 이러한 다양한 디지털 기술(스마트팩토리)이 접목되면 어떠한 변화가 생길까? 스마트팩토리 도입을 통한 생산 현장의 지능화가 만들어낸 성과는 표 2.6을 참고하자.

스마트팩토리는 공장의 내 · 외부가 모두 네트워크로 연결되며 제품기획,

* CPS 물리적 세계와 가상 세계의 융합을 시도하는 것으로, 가상공간의 컴퓨터가 네트워크를 통해 실제의 물리 환경을 제어하는 시스템

가치 포인트	디지털 혁신 방안(예)	기대 효과
수요와 공급 매치	• 데이터 기반 수요 예측 • 실시간 S&OP[Sales & Operation Planning]	예측 정확도가 약 85%로 증가
적시 출시	• 신속한 프로토타입 & 시뮬레이션 • 고객과 공동 개발, 오픈 이노베이션	시장 출시 시간을 20~50% 단축
재고 최적화	• 실시간 재고 최적화 • 3D 프린팅 등에 의한 신속한 생산	재고 보유 비용이 20~50% 감소
품질	• 디지털 품질 관리(인공지능 활용) • 실시간 프로세스 및 통계적 품질 관리	품질에 대한 비용이 10~20% 감소
자원/작업	• 스마트 에너지 소비 관리 • 실시간 수율 최적화 • 지능형 사물인터넷 활용	생산성이 3~5% 향상
인력	• 사람-로봇 협업, 자동화 • 원격지 모니터링 및 조치 • 디지털 성과 대시보드	작업의 자동화를 통해 기술직의 생산성이 45~55% 증가
설비 효율성	• 유연한 설비 라우팅 • 빅데이터, 인공지능 기반 설비 고장 사전예방	기계 가동 중단 시간의 30~50% 감소
서비스	• 가상 기반 셀프서비스 • 원격지 서비스 및 실시간 예측 정비	유지보수 비용의 10~40% 감소

표 2.6 생산 현장에서의 디지털 기술 적용에 따른 성과(자료: McKinsey & Company)

설계, 제조, 공정, 유통, 판매 등 전 과정을 디지털 기술로 통합해 고객 맞춤형 제품을 생산하는 지능형 공장이다. 이는 단순한 자동화와 전산화를 넘어 시장조사, 생산, 판매, 서비스 등 모든 과정이 연계돼 소비자의 다양한 요구를 효율적이고 신속하게 반영해 제품을 생산하는 것을 의미한다.

그리고 필요에 따라 스마트팩토리는 고객의 다양한 요구를 만족시킬 수 있는 1대 1 맞춤형 제품을 즉시 생산하고 유통하는 첨단 지능형 공장이 되기도 한다. 수평적으로는 제품 개발부터 양산까지, 시장 수요 예측 및 거래처 주문부터 완제품 출하까지 제조와 관련된 모든 과정을 포함하며, 수직적으로는 현장 자동화, 제어 자동화, 응용 시스템 영역을 포함한다(그림

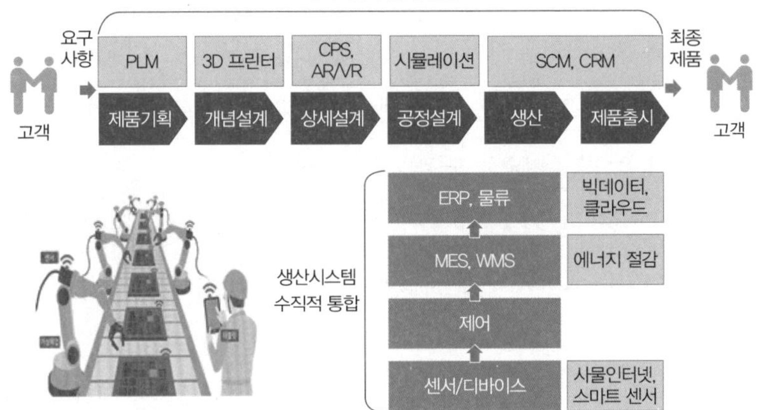

그림 2.7 스마트팩토리에 의한 수평적 · 수직적 통합

2.7). 또한 스마트팩토리에는 CPS와 사물인터넷, 빅데이터, 인공지능 등 다양한 기술 및 MES, PLM, ERP의 일부 기능 등이 활용되는데, 이는 각기 다른 환경에 맞게 구성될 것이다.

스마트팩토리가 구축되면 제조에 필요한 요소인 사람, 기계, 원료, 제조 방식과 환경에 관해 실시간으로 디지털 데이터를 측정하여 보내고 이를 분석해 공장과 생산 과정을 관리한다. 또한 알고리즘이나 인공지능 솔루션을 이용해 최적해*또는 예측 가능한 해를 구하여 스스로 제어하는 지능화 수준을 달성한다. 스마트팩토리의 최종 목표는 경쟁력 있는 제품 생산과 합리적인 운영 프로세스를 구축하기 위해 실시간으로 최적의 의사결정을 하면서 자율적으로 제품 생산 및 운영을 하는 것이다. 따라서 데이터 수집 능력이 강화되어야 하며, 분석 관점 또한 중요한 요소로 작용한다.

---

* **최적해** 기업 혹은 특정 체제에서 어떠한 운영 방식이나 생산 방법이 가장 적합한지 결정하기 위해 현실적으로 최대 이익을 얻을 수 있는 의사결정을 내릴 수 있도록 시뮬레이션 등을 통해 합리적으로 구해진 가장 적절한 해(解)

그렇다면 스마트팩토리는 어떻게 도입하는 게 바람직할까? 중견기업이나 대기업과 중소기업은 각기 다른 접근법이 필요하다. 중견기업이나 대기업은 정보화·자동화 기반을 어느 정도 갖추고 있으므로 사물인터넷이나 협업 로봇 등의 최신 기술을 도입해 스마트팩토리를 구축할 수 있다. 또한 빅데이터나 인공지능 기술을 이용해 고도화된 공장 운영을 추진할 수 있다. 반면 중소기업은 공장의 현재 운영 상황을 분석해 그에 걸맞은 수준으로 추진해야 한다.

즉 스마트팩토리 도입을 위해서는 기업(공장)의 현재 수준을 진단하고 이에 맞추어 추진하되, 공장의 운영 수준에 따라 준비 단계-기초 단계-도입단계로 구분해 추진할 필요가 있다. 여기에서 준비 단계는 공장 운영이 덜 체계화된 상태이며, 기초 단계는 공장 운영이 비교적으로 체계화되어 있으나 자동화나 데이터 수집 준비가 미비된 상태를 의미한다. 이에 비해 도입 단계는 자동화가 일부 이루어졌거나 데이터 수집 체계를 갖춘 상태를 말한다. 필요에 따라서 이 세 단계를 한꺼번에 추진할 수도 있으나, 중소기업의 경우 투자 여력이 크지 않거나 공장 운영의 중단이 어렵기 때문에 상황에 맞는 접근법이 타당할 것이다.

준비 단계 이때에는 거의 준비가 미비한 상태이므로 공장 환경 개선 및 프로세스와 데이터 표준화에 중점을 둔다. 소규모 제조기업에서는 스마트팩토리 도입 전 반드시 현장 환경을 개선 및 정비하고, 생산 프로세스 전반을 표준화하는 것이 필요하다. 이 준비 단계를 충실히 추진하는 것만으로도 상당한 생산성 향상 효과를 볼 수 있다.

기초 단계 이 단계의 공장은 표준화와 환경 정비가 갖춰진 상태이므로 데이터 수집을 위한 센싱 시스템 도입 또는 저비용 공장 자동화 추진이 필요하다. 스마트팩토리 도입을 통한 완전 자동화 이전에 저비용 간이 자동화나 센싱 시스템을 도입해 품질 표준화, 납기 개선, 데이터 관리 등을 시행한다.

도입 단계 기초 단계가 이루어진 공장은 비로소 스마트팩토리를 도입할 준비가 되었다고 할 수 있다. 물론 이미 초기 수준의 스마트팩토리를 운영 중인 공장도 해당한다. 각 공장의 운영 수준에 따라 1~5 레벨로 구분하며, 상황에 따른 맞춤형 스마트팩토리 도입이 요구된다. 즉 레벨1(점검)－레벨2(실시간 실적 집계, 모니터링)－레벨3(설비 데이터 자동집계 및 원격제어)－레벨4(통합화, 지능화, 최적화)－레벨5(자율제어)의 단계별 스마트팩토리 도입을 검토하고 시행한다.

CHECK 스마트팩토리 체크 포인트

- 생산 현장에서 비효율을 개선할 영역과 고도화가 필요한 영역은 어디인가?
- 유사 사례에 대한 사전 조사가 이뤄졌는가? 그로 인한 시사점은 무엇인가?
- 성과 목표 및 지향점은 무엇인가?(예: 비용 절감, 생산성 향상, 품질 개선 등)
- 문제 해결과 성과 개선에서 스마트팩토리를 고려해야 하는 이유는 무엇인가?
- 스마트팩토리 도입 시 우선순위와 그 이유는 무엇인가? 단계별 로드맵은 구체화되어 있는가?
- 비용 대비 효과는 무엇이며 투자대비수익률은 어떻게 예상하는가?
- 스마트팩토리 도입 시 무엇이 달라지며, 무엇을 더 개선해야 하는가?
- 스마트팩토리 도입 시 리스크는 무엇인가?
- 스마트팩토리 도입의 필요성에 대해 구성원의 공감대는 어느 정도인가?

유형 ③ 디지털 기술로 사람의 일을 대체하거나 사람과 협업

소매 상점에서 일어나는 변화를 보자. 소매 상점에는 고객이 들어오는 입구부터 구매 동선, 모바일 쿠폰 사용 및 계산, 재고 추적 및 보충 등의 프로세스가 있는데, 여기에 다양한 디지털 기술이 접목되고 있다. 극단적으로는 직원이 상주하지 않아도 운영이 가능한 무인 상점도 가능하다.

2016년 12월 시험 개장 이후 준비와 테스트를 거친 아마존의 무인 상점 '아마존고'는 2018년 1월 미국 워싱턴주 시애틀에서 일반인을 대상으로 영업을 시작했다(사진 2.8). "대기줄 없음, 계산할 필요 없음No Lines, No Checkout"이라는 문구가 의미하듯, 계산대에서 힘겹게 줄을 설 필요가 없다는 점을 강조한다. 아마존은 아마존고 매장에 고객이 상품을 가지고 나가면 자동으로 상품값이 결제되는 저스트 워크 아웃Just Walk Out 기술을 도입해 기존 쇼핑 방식을 획기적으로 바꿨다.

아마존고는 컴퓨터 비전과 센서 융합, 딥러닝 알고리즘 등의 디지털 기술을 활용했다. 아마존고에서는 고객이 매장에 들어서는 순간부터 동선을 촬영하는데, 이때 전용 애플리케이션을 통해 고객 정보를 확인한 후 동선을 파악한다. 상품에 탑재된 센서와 고객의 스마트폰이 연동되며, 자동 결제와 전자 영수증 발급을 위한 기술도 적용되었다. 물론 이 과정에서 축적된 데이터는 향후 고객 맞춤 서비스에 활용된다.

금융에서도 로보 어드바이저Robo-Advisor는 자산 운용 및 관리 업무에 있어 프로세스를 대체하거나 인간과 협업할 수 있다. 로보 어드바이저는 빅데이터, 머신러닝, 알고리즘 등 디지털 기술과 현대 포트폴리오 이론 등 금융 이론이 결합된 컴퓨터로서 사람을 대신해 자산을 관리하는 기술이다. 현재 많은 금융기관에서 고객이 자신의 투자 성향, 목표 수익률 등 투자 조건을

사진 2.8 아마존고 매장 모습

입력하면 자동화 시스템을 통해 고객별 맞춤형 포트폴리오를 구성하는 온라인 자산 관리 서비스를 제공하고 있다. 이 서비스는 저렴한 비용과 편리한 접근성을 앞세워 빠르게 성장하고 있다.

유형 ④ 정형적이고 반복적인 업무 프로세스를 자동화

ERP 등 디지털 기술이 적용됐다고 해서 업무 프로세스가 완전히 자동화되는 것은 아니다. 이 유형의 기술은 사람의 개입이 필요한 부분 중 반복적이고 정형화된 업무를 디지털 기술로 자동화하는 것에 한정되어 있다.

반면 RPA는 일정한 로직과 룰에 의해 자동으로 업무를 처리하는 소프트웨어 로봇이다. 이러한 RPA 도구를 통해 트랜잭션*의 처리는 물론이고, 데이터를 조정하고 특정 요구에 대응하며, 다른 디지털 시스템과 통신할 수 있다. 이메일 자동 응답 생성 같은 간단한 작업부터 ERP 시스템 작업을 자동화하는 프로그래밍까지, RPA의 활용 범위는 매우 넓다.

---

* **트랜잭션** 처리되는 특정한 업무나 거래, 또는 그 결과 얻어지는 데이터 기록

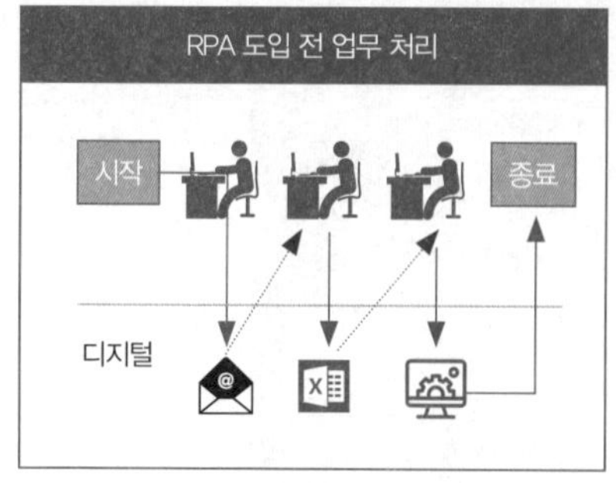

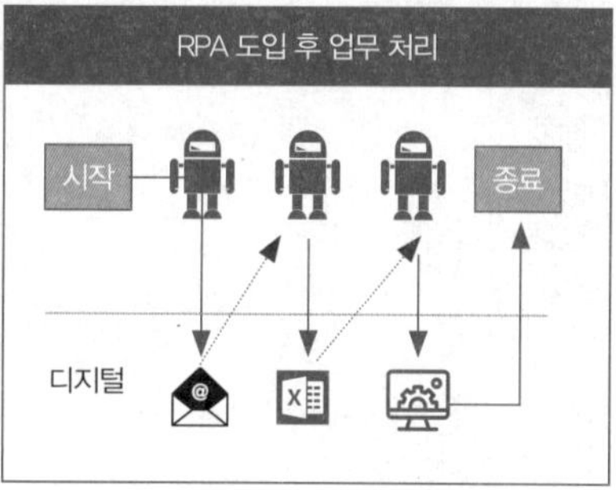

그림 2.9 RPA 도입 전과 후 비교

RPA는 자동화를 통해 반복적인 작업을 줄인다(그림 2.9). 이로 인해 비용 절감뿐 아니라 업무 처리도 신속하게 완료할 수 있다. 또한 인적 오류를 없애고 더 나은 서비스를 제공하며, 고객에게 더 높은 만족을 가져다 준다. 평균 12개월의 투자 회수 기간, 20~30% 이상의 비용 절감 효과, 반복 작업의 자동화에 따른 근로자 업무 만족도 상승, 규제 대응, 업무 정확도 제고, 업무 생산성 향상, 인력 운영 유연성 확보 등의 장점이 있어 이를 도입한 기업들에서 90% 이상의 만족도를 보이며 수요가 계속 커지는 추세다.

아메리칸 익스프레스 글로벌 비즈니스 트래블American Express Global Business Travel의 최고정보관리책임자는 다섯 명의 엔지니어로 팀을 구성해 RPA를 세팅했다. 그 결과, 전에는 직원이 직접 해야 했던 항공권 취소 및 환불 처리 프로세스를 자동화할 수 있었다.

글로벌 기업은 물론, 국내 기업들도 RPA 도입을 적극 검토하고 있다. 그러나 앞서 말했듯 조직의 모든 업무에 RPA를 적용할 수는 없다. 따라서 기업에서는 RPA의 도입이 효과를 가져다줄 만큼 적절한 프로세스가 있는지 파악하기 위해 초기에 개념 증명과 파일럿 프로젝트*를 거쳐야 한다. 또한 무조건 인력을 줄이기 위한 접근보다는 반복적 · 정형적 업무라 사람이 수행하기에 귀찮은 일을 덜어주는 데 초점을 맞춰야 한다.

비즈니스 모델 혁신

디지털 트랜스포메이션에는 디지털 '탈바꿈'이라고 불릴 정도로 과감한 변화가 뒤따른다. 이는 기존 것의 개선 정도가 아니라 이를 뛰어넘는 수준을 말한다. 이러한 관점에서 본다면 비즈니스 모델의 창조 내지 변형이 디지털 트랜스포메이션의 본질과 가장 가깝다고 볼 수 있다(그림 2.10). 아마존, 우버, 넷플릭스, 에어비앤비 등 많은 디지털 기업들은 디지털에 의한 비즈니스 모델 혁신으로 탄생했다.

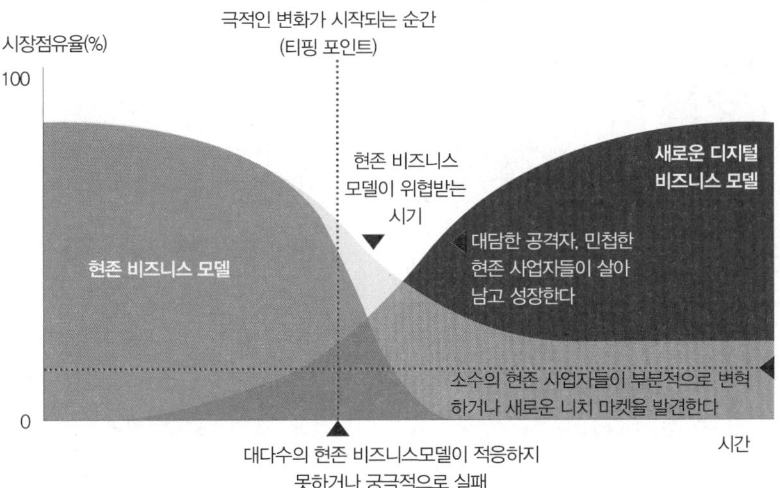

그림 2.10 비즈니스 모델의 변화(자료: Mckinsey & Company)

---

* **파일럿 프로젝트** 규모가 큰 프로젝트를 실제 실행하기에 앞서 성공 가능성, 소요 기간, 장애 요소, 개선점 등을 알아보기 위해 작은 규모로 사전에 수행하는 테스트

물론 새로운 비즈니스 모델의 등장과 기존 시장의 파괴는 과거에도 존재했다. 그러나 디지털 비즈니스 모델의 파괴력은 그 이상이다. 규모가 작은 디지털 혁신기업이 새로운 비즈니스 모델을 무기로 몸집이 큰 기업이 지배해온 영역을 잠식하거나 새로운 니치 마켓*을 열어가고 있다. 이러한 변화는 대부분의 산업에서 빠르고 파괴적으로 이뤄지고 있다.

디지털을 기반으로 이뤄지는 비즈니스 모델 혁신 유형을 다섯 가지로 나눠 살펴보자.

유형 ❶ 플랫폼에 의한 디지털 비즈니스 모델 혁신

먼저, 플랫폼에 의한 비즈니스 모델 혁신에 대해 살펴보자. 플랫폼이란 무엇일까? 플랫폼은 본래 다양한 교통수단과 승객이 만나는 거점이며 교통

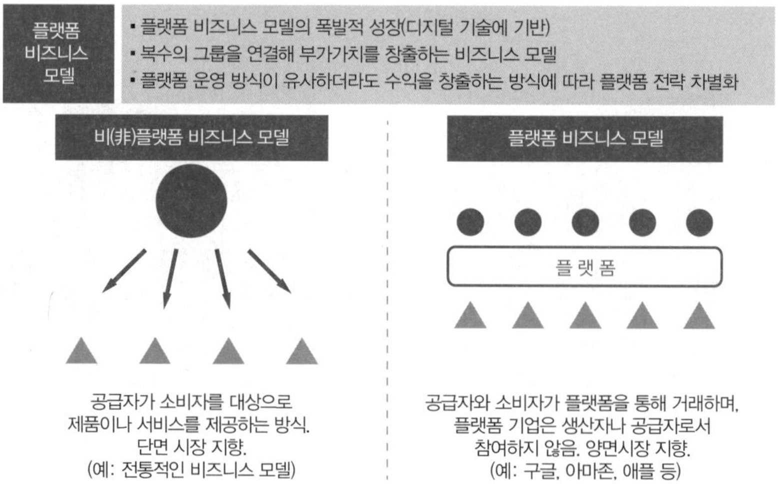

플랫폼 비즈니스 모델	▪ 플랫폼 비즈니스 모델의 폭발적 성장(디지털 기술에 기반) ▪ 복수의 그룹을 연결해 부가가치를 창출하는 비즈니스 모델 ▪ 플랫폼 운영 방식이 유사하더라도 수익을 창출하는 방식에 따라 플랫폼 전략 차별화

비(非)플랫폼 비즈니스 모델	플랫폼 비즈니스 모델
공급자가 소비자를 대상으로 제품이나 서비스를 제공하는 방식. 단면 시장 지향. (예: 전통적인 비즈니스 모델)	공급자와 소비자가 플랫폼을 통해 거래하며, 플랫폼 기업은 생산자나 공급자로서 참여하지 않음. 양면시장 지향. (예: 구글, 아마존, 애플 등)

플 랫 폼

그림 2.11 플랫폼 비즈니스 모델

* **니치 마켓** 수요와 공급이 비어 있는 완전히 새로운 틈새시장

과 물류의 중심인 승강장을 말한다. 이러한 개념을 비즈니스 관점에서 보면 공급자, 수요자 같은 복수 그룹이 참여해 각 그룹이 얻고자 하는 가치를 공정한 거래를 통해 교환할 수 있도록 구축된 환경이다. 따라서 참여자들 간의 연결과 상호작용을 통해 진화하며, 모두에게 새로운 가치와 혜택을 제공해줄 수 있는 상생의 생태계를 의미한다(그림 2.11).

이러한 플랫폼에서는 공급자와 수요자가 공정하게 거래할 수 있는 장이 만들어진다. 이때 플랫폼 상 참여자 수를 늘리는 게 중요하며 이를 통해 자체 수익 모델, 광고료 수익 모델, 수수료 수익 모델, 비수익 모델 등 다양한 수익 모델을 만들 수 있다.

이러한 플랫폼 모델이 부상하게 된 배경은 고객과 사업의 다양화, 기업 간 경쟁 격화, 디지털 기술의 발전이라고 할 수 있다. 특히 모바일 기기 보급 확대, 통신 비용 하락, 소프트웨어와 하드웨어의 가격 대비 활용 효율 증대 등은 플랫폼 구축 및 비즈니스 모델 접목의 기회를 크게 개선했다. 애플의 플랫폼이 모바일 생태계를 장악하자 그전까지 세계 1위였던 휴대전화 업체 노키아가 몰락한 사례를 보면 플랫폼의 힘이 얼마나 강력한지 알 수 있다.

성공하는 플랫폼 비즈니스는 다음과 같은 조건을 갖추고 있다.

- 참여자들과 함께 새로운 가치를 만들고 시너지를 창출한다.
- 비용을 절감한다.
- 그룹 간의 교류가 이전보다 활발해진다.
- 품질 수준을 유지한다.
- 누구나 따라갈 수밖에 없는 보이지 않는 규칙이 존재한다.
- 끊임없이 진화한다.

플랫폼의 등장은 비즈니스 모델에 획기적인 변화를 가져왔다. 이때, 플랫폼 사업자의 가장 중요한 역할은 이용자들이 효율적으로 제품과 서비스를 교환할 수 있도록 공간을 마련해주는 데 있다. 플랫폼 기업은 자산을 직접 보유하지도, 가치를 직접 생산하지도 않는다. 플랫폼 기업의 자산은 외부 이용자들이 보유하며, 가치는 이용자들이 자발적으로 생산한다. 따라서 대부분의 플랫폼 기업은 공장, 사무실, 설비, 원료가 필요하지 않다.

전통적인 기업은 대량 생산과 규모의 경제를 통해 시장을 지배했다. 하지만 플랫폼 기업에는 이 공식이 적용되지 않는다. 플랫폼 기업의 규모는 기업 외부에 있는 공급자 집단과 소비자 집단의 규모에 따라 결정되기 때문이다. 플랫폼 기업들은 '네트워크 효과*'를 통해 시장을 재편하는가 하면, 생태계 조성 및 협력 전략을 추구한다. 아마존과 월마트를 비교해보면 이러한 차이는 극명하게 나타난다.

규모 면에서 보면 월마트가 아마존보다 몇 배나 크다(그림 2.12). 그러나 지난 10년간 매출액 성장률을 비교해보면, 아마존은 매년 30%의 성장률을 보이지만 월마트는 겨우 2~3% 수준에 머무르고 있다(그림 2.13).

이를 타개하고자 오프라인 강자인 월마트는 2016년 전자상거래업체인 제트닷컴Jet.com을 인수하고, 디지털 전환을 가속화하고 있다. 월마트랩Walmart Labs은 아마존과의 경쟁을 위해 디지털 핵심기술을 제품, 서비스, 플랫폼에 적용하는 다양한 실험을 계속하고 있다. 또한 '신선식품' 코너와 '이틀 내 무료배송' 등과 같은 새로운 서비스도 적극적으로 시도하고 있다.

기업가치 측면에서도 아마존은 월마트보다 2.5배 이상 높이 평가되고 있

---

* **네트워크 효과** 특정 상품에 대한 어떤 사람의 수요가 다른 사람들의 수요에 의해 영향을 받는 현상

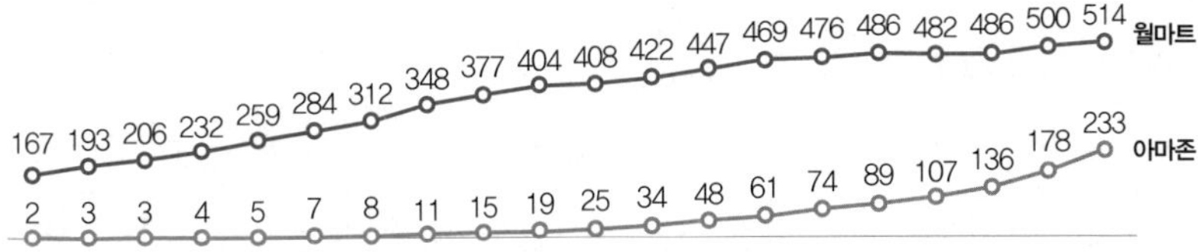

그림 2.12 월마트와 아마존의 매출액 비교(자료: MGM Research)

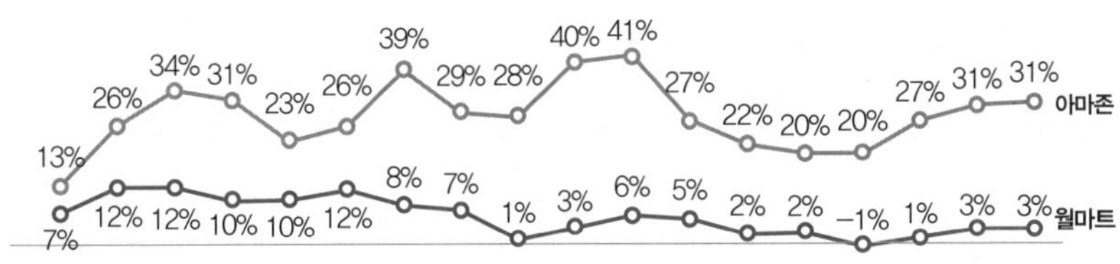

그림 2.13 월마트와 아마존의 매출액 성장률 비교(자료: MGM Research)

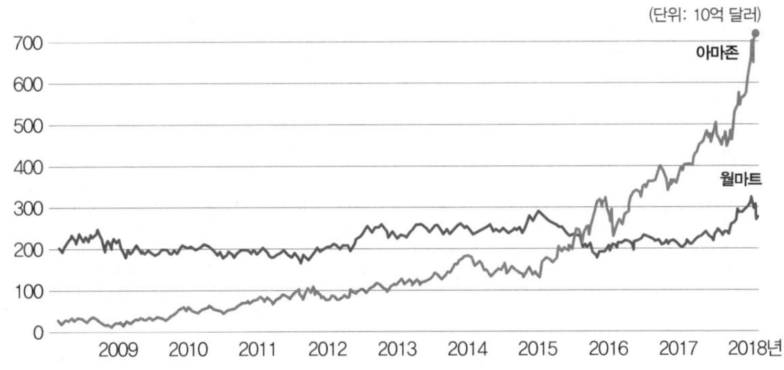

그림 2.14 월마트와 아마존의 기업가치 비교(자료: FactSet)

다(그림 2.14). 온라인 플랫폼 기업인 아마존은 스마트폰의 확산과 함께 폭발적으로 성장했다. 아마존에 공급자 수가 많아질수록 소비자는 아마존을 통해 더 값싸고 다양한 상품을 고를 수 있다. 반대로 아마존으로 몰려드는 소비자가 많아질수록 공급자는 더 많은 상품을 팔 수 있다. 공급자가 소비자를 끌어들이고, 소비자가 공급자를 끌어들이는 선순환이 이뤄지는 것이다.

이처럼 공급자 집단의 규모와 소비자 집단의 규모가 함께 커지면서 플랫폼 이용자들의 사용가치도 커지는 현상을 양면 네트워크 효과Two-sided Networks Effect라고 한다. 우버, 에어비앤비, 페이스북 등 많은 기업이 아마존과 비슷한 디지털 플랫폼 서비스로 기업가치를 극대화했다.

중소기업 또한 디지털 혁신을 통해 플랫폼 기업으로 변화할 수 있는 여지가 충분히 있으므로, 다양한 플랫폼 기업과 비즈니스 모델 사례를 면밀히 살펴볼 필요가 있다.

유형 ❷ 디지털 기술 접목으로 신규 비즈니스 창출

그동안 제너럴일렉트릭의 주된 비즈니스는 파워 플랜트, 헬스케어 장비, 항공기 엔진, 선박 엔진 등을 만드는 하드웨어 생산이었다. 그러나 현재는 빅데이터를 추출해 분석함으로써 사전 예방 서비스를 새롭게 발굴해 제공하는 방향으로 비즈니스를 확장했다.

제너럴일렉트릭은 산업인터넷*을 기반으로 디지털 트랜스포메이션에 도전했는데, 기계에 센서를 부착하고 사물인터넷과 빅데이터 기술을 접목

---

* **산업인터넷** 제품 진단 소프트웨어와 분석 솔루션을 결합해 기계와 기계, 기계와 사람을 서로 연결시켜 기존 설비의 운영 체계를 최적화하는 기술

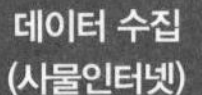

저장 및 분석
(클라우드/빅데이터)

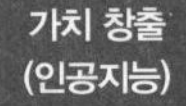

최적화
(기술융합)

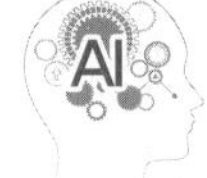

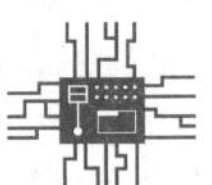

장비 센서로부터 데이터 수집

수집된 데이터 저장 및 분석

사전 예방 서비스 시장 진출

장비 최적화 및 작업 효율 증가

그림 2.15 제조의 서비스화 모델(예)

해 각종 데이터 수집과 분석을 가능하게 했다. 이를 통해 제조의 서비스화가 이뤄졌다(그림 2.15).

특히 제너럴일렉트릭이 개발한 세계 최초의 산업인터넷 운영 플랫폼인 프레딕스Predix는 직접 플랫폼 안에서 최적화된 앱을 개발하고 운영할 수 있다(그림 2.16). 고객사들은 프레딕스 기반으로 운영되는 앱을 통해 산업 기계와 설비에서 발생하는 대규모 데이터를 수집하고 분석해 운영 최적화를 달성할 수 있다. 또한 제너럴일렉트릭은 프레딕스에 머신러닝 등 인공지능 기능을 강화해 더욱 지능적인 분석과 조치를 할 수 있도록 업그레이드를 진행하고 있다.

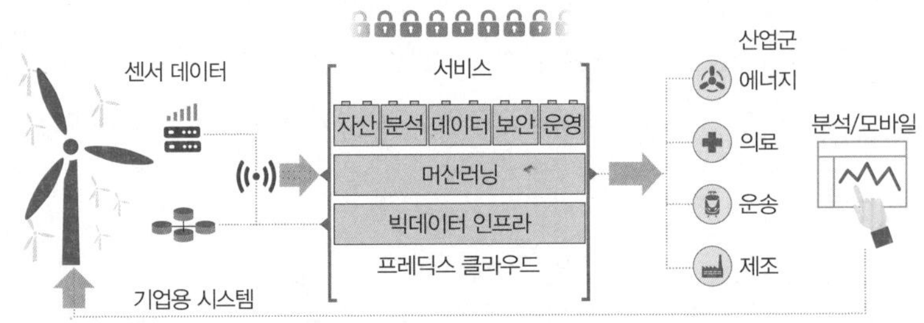

그림 2.16 제너럴일렉트릭 프레딕스를 활용한 빅데이터 분석

유형 ❸ 기존 제품 및 서비스를 디지털 기술로 대체

아날로그 카메라를 대체한 디지털 카메라가 이러한 유형의 대표적인 예다. 디지털 사진의 필름 사진 대체, 스마트폰의 카메라 대체, 이메일과 소셜네트워크의 우편물 대체, 오프라인 금융 서비스의 모바일 및 온라인 서비스 전환도 이에 포함된다. 이는 디지털 기술이나 솔루션의 등장으로 기존 비즈니스 모델이 가치를 잃거나 가치가 현격히 감소하기 때문에 나타나는 현상이다.

1985년 비디오 대여점 사업을 시작한 블록버스터는 점포 주변 특성을 고려해 동네 주민이 원하는 영화를 진열하는 '맞춤형 진열대' 방식으로 인기를 얻었다. 1990년대 초반 250개 정도였던 블록버스터 대여점 수는 DVD의 보급에 힘입어 2004년이 되자 9천 개를 넘겼다. 그러나 인터넷이 새로운 유통을 열어갈 즈음에 블록버스터는 인터넷 기반의 디지털 콘텐츠 유통에는 관심을 기울이지 않았다.

반면, 이 사업의 후발주자였던 넷플릭스는 이를 인터넷 기반의 유통 서비스로 과감하게 탈바꿈하고 주문형 스트리밍 서비스 부문을 키우는 데 역량을 집중했다. 넷플릭스는 1만 원 정도만 내면 한 달간 원하는 동영상을 마음껏 즐길 수 있는 OTT[Over the Top] * 서비스를 내놓았다. 넷플릭스 사용자들은 인터넷망을 통해 별도의 셋톱박스 없이도 PC나 TV에서 원하는 콘텐츠를 언제 어디서나 볼 수 있게 되었다. 결국 블록버스터는 2010년 파산하고 시장에서 사라졌다. 기존 비즈니스가 디지털 기반의 비즈니스로 완전히 대체된 사례다.

---

* OTT 인터넷을 통해 방송 프로그램·영화 등 각종 미디어 콘텐츠를 제공하는 서비스

유형 ④ 가치 전달 프로세스 재편

인도의 다국적 페인트 회사인 아시안 페인트Asian Paints는 백화점 및 대리점에 페인트를 공급하는 B2B 사업을 시작했다. 아시안 페인트는 포털 서비스를 구축해 고객들이 인터넷에서 페인트를 직접 주문할 수 있게 함으로써 비즈니스 모델을 B2C 형태까지 확장했다.

일본 출판사 트랜스뷰는 도매상을 통한 밀어내기식 영업에서 서점이 원하는 만큼만 책을 택배로 보내는 직거래 방식으로 공급사슬을 바꿨다. 이 경우 디지털 채널인 인터넷 포털을 만들어 효율적인 직거래 방식을 구현했다.

유형 ⑤ 가격 모델 및 정책 변경

클라우드 서비스를 운영하는 회사들은 대부분 사용료 기반의 구독 모델을 제공하고 있다. 예를 들어, 일정 금액만 내면 매달 한 번씩 면도날 4~5개를 집으로 배송해주는 미국 스타트업 달러 쉐이브 클럽Dollar Shave Club은 구독 모델을 기반으로 2011년 창업했다. 이 회사는 창업 5년 만에 320만 명 이상의 회원을 확보하는 데 성공했고, 2016년에는 유니레버Unilever가 10억 달러(약 1조 2천억 원)에 인수했다.

그렇다면 디지털 비즈니스 모델을 혁신하려면 무엇을 준비해야 할까?

첫째, 디지털 기술이 가져온 제품과 서비스의 혁신에 관심을 가져야 한다. 디지털 기술은 빠르게 발전하고 있으며, 새로운 기술을 적용한 제품이나 서비스도 지속적으로 등장하고 있다. 디지털 기술과의 융합 및 접목을 시도한 사례를 관찰하며 늘 새로운 트렌드에 촉각을 세우고 있어야 한다.

둘째, 기존 제품과 서비스에 센서, 인공지능, 로봇, 빅데이터 등 디지털 기술을 접목하기 위해 시도해야 한다. 기존 제품이나 서비스에 집중화된 회사의 경험과 노하우, 지식 등 핵심역량을 파악하고 여기에 새로운 디지털 기술을 접목한다. 이 경우 실패 확률을 줄이면서 보다 빠른 시간 안에 많은 가치를 창출할 수 있다.

셋째, 디지털 기술에 기반을 둔 신제품과 비즈니스 창출을 시도해야 한다. 만약 기존 제품이나 서비스 라인이 시장에서 성숙 단계를 넘었다거나 새로운 제품이나 서비스에 대체될 위험에 놓였다면, 새로운 비즈니스로 과감히 뛰어 넘어야 하는 단계에 다다른 것이다.

넷째, 다양한 디지털 채널을 통해 가치 전달 방식의 변화를 시도해야 한다. 복잡한 전달 과정을 단순화하고 가격 체계를 변경해야 한다. 또한 가치 전달에 있어서도 오프라인으로 일원화된 방식을 온라인화 또는 온·오프라인과 결합된 방식으로 바꿀 필요가 있다.

다섯째, 새로운 디지털 기술을 비즈니스에 접목하고 테스트할 조직과 인력을 확보하고자 노력해야 한다.

CHECK 비즈니스 모델 혁신 체크 포인트

- **가치 제안**Value Proposition: 제품이나 서비스가 고객에게 어떤 가치와 솔루션을 제공하는가? 이것이 고객의 니즈를 충족시킬 수 있는가?
- **목표 고객**Target Customer: 고객의 니즈는 다양하며 세분화할 수 있다. 이 중 어떤 니즈를 가진 고객을 대상으로 할 것인가?
- **가치사슬/조직**Value Chain/Organization: 제품이나 서비스를 만들어내는 데 필요한 구조와 조직의 자원을 어떻게 효율적으로 활용할까?
- **전달 방식**Delivery Design: 최종 소비자와 전·후방 활동을 연결하는 가치사슬에서 기업, 공급자, 보완 업체, 기타 후방 채널을 어떻게 배치할 것인가?
- **수익 흐름**Revenue Stream: 수익 모델은 무엇이며 수익 잠재력은 어떠한가?

고객 접점 효율화 및 고객 경험 증대

다음은 고객 접점의 효율화와 고객 경험 증대에 관한 것이다. 모든 비즈니스 활동은 '고객'에 집중해 이뤄져야 한다. 고객이 필요로 하는 게 무엇인지, 고객이 특정 상황에서 어떤 행동을 보이는지, 고객이 무엇에 관심을 갖는지 등 끊임없이 모니터링하면서 고객에 대한 통찰을 얻어야 한다.

전통적인 고객 관리는 고객 정보를 모아 홍보 활동을 하는 등 주로 오프라인에서 이뤄졌다. 더구나 고객에 대한 데이터와 정보는 분산되어 있거나 면밀하게 관리되지 않았다. 그러나 고객 관련 업무가 디지털화되면서 고객에 관한 데이터가 축적되기 시작했다. 게다가 소셜네트워크, 모바일, 데이터 분석 등 디지털 기술을 기반으로 한 서비스가 급격하게 증가하면서 고객 데이터와 정보가 엄청나게 쏟아지고 있다. 고객은 온라인에서 각종 채널을 통해 상품을 구매하고, 의견을 표출하고 많은 사람과 공유한다. 이 과정에서 고객의 행동 및 소비 패턴의 변화는 무엇인지, 고객은 무엇에 관심이 있는지 등 소위 '디지털 보디 랭귀지'라는 흔적을 남긴다. 이 흔적을 추적하고 분석하는 것만으로도 고객의 생각과 행동을 예측할 수 있다. 고객 역시 자신의 요구와 니즈를 반영한 '개인화된 맞춤형 서비스'를 기업이 제공해주길 바란다.

그렇다면 이러한 변화는 어떠한 움직임으로 전개될까? 크게 네 가지 유형으로 나눌 수 있다.

유형 ① 고객 데이터를 통합해 고객의 싱글 뷰 확보

싱글 뷰single view란 한 자리에서 고객 데이터를 일괄적으로 보면서 고객과 관련된 필수 데이터를 360도로 조회하는 것으로, 한 고객에 대한 '통합적 관점'을 말한다. 고객의 특성을 분석해 효과적인 마케팅을 수행하려면 고객의 프로파일과 구매 이력 등 고객 정보가 하나로 통합되어야 한다. 즉 고객 정보 통합은 고객과 만나는 모든 영역에서 필수적으로 선행되어야 하는 요건이다.

예를 들어, 항상 A 화장품만 이용하는 고객이 있다. 이 고객은 여의도에 위치한 직장 앞 매장에서 A 화장품을 살 때도 있고, 일산 집 근처 매장에서 살 때도 있다. 자주 가는 백화점 혹은 면세점에서도 A 화장품을 산다. A 화장품의 충성 고객인 것이다.

A 화장품 제조사가 이러한 고객 정보를 파악하려면 고객 데이터를 통합한 싱글 뷰를 지니고 있어야 한다. 이 제조사가 각 매장에서 발생한 데이터를 통합적으로 관리하지 못하면, 이 고객을 간헐적인 고객 정도로 파악할 가능성도 있다. 그렇게 되면 이 고객은 단골에게 주어지는 각종 혜택을 받지 못할 것이고, 이는 결국 이 고객의 A 화장품에 대한 충성도가 낮아지거나 다른 화장품으로 이탈하는 원인이 될 수 있다.

유형 ❷ 소셜네트워크나 모바일에서 홍보 및 추천 등 디지털 마케팅 수행

소셜네트워크는 강력한 네트워크 파워를 갖고 있어서 이 안에서 연결된 많은 사람에게 접근할 수 있는 기회를 제공한다.

던킨도너츠Dunkin' Donuts는 새 모바일 주문 서비스를 홍보하면서 소셜네트워크를 적극 활용했다. 이들은 세계에서 가장 빨리 낙하 비행할 수 있는 여성 윙수트Wingsuit 베이스 점퍼를 고용해, 2,400m 높이의 절벽에서 뛰어내려 공중에서 던킨도너츠 커피잔을 잡는 모습을 촬영했다. 이 영상은 TV 광고와 소셜네트워크(해시태그 #WTFast) 홍보가 동시에 이뤄졌는데, 페이스북에서만 700만 이상의 조회수를 기록할 정도로 폭발적인 반응을 얻었다. 이는 사람들의 관심을 크게 이끌어 낸 좋은 사례라고 평가받는다.

한편, 이메일 마케팅은 가장 일반적이면서도 여전히 강력한 캠페인 도구다. 잘만 활용하면 고객에게 이메일이 잘 도착했는지, 도착한 이메일을 열어 보았는지, 열어본 이메일에 첨부된 콘텐츠를 살펴보았는지, 광고 상품을 장바구니에 담았는지, 결제를 했는지, 결제 후 피드백은 어떠한지 등을 파악할 수 있다.

넷플릭스의 영화 추천 시스템은 또 다른 마케팅 수단이다. 넷플릭스는 사람들이 어떤 영화를 볼 것인지 고민하는 문제를 해결하기 위해 시네매치Cinematch라는 영화 추천 엔진을 개발했다. 넷플릭스는 시청자에게 영상마다 별점을 매기게 한 뒤 평점을 기반으로 해당 시청자가 선호하는 영상의 패턴을 분석해 다음에 볼 영상을 추천하는 알고리즘을 개발했다. 시네매치의 추천 알고리즘은 고객 취향에 맞는 영화를 추천해줌으로써 신작에 몰리던 관심을 분산시켰고, 이는 비용 절감에 중대한 역할을 했다. 그 결과 적은 수의 영상 콘텐츠로도 사용자 만족도를 높였고, 광고 효과도 함께 누릴 수 있었다.

유형 ❸ 온라인과 오프라인의 통합 및 연계

O2O는 '온라인에서 오프라인으로' 또는 '오프라인에서 온라인으로'의 약자로, 온라인과 오프라인 서비스를 연결해 소비자의 구매 활동을 도와주는 새로운 서비스 플랫폼을 말한다.

스마트폰의 보편화로 언제 어디서나 상품이나 서비스를 구매할 수 있는 스마트 쇼핑이 가능해졌다. 이는 O2O 서비스 플랫폼이 발전하는 결정적 계기가 되었고, 이러한 영향으로 온·오프라인을 넘나드는 비정형적 쇼핑 행태를 보이는 고객 비중이 59%를 넘어섰다.

O2O 서비스가 실용화되면서 소비 욕구가 발생하는 시점과 해소되는 시점 사이의 격차가 획기적으로 줄었다. 스마트폰의 위치 정보 앱을 이용하면 소비자가 방문하고자 하는 장소를 곧바로 예약할 수도 있고, 원하는 시각에 방문할 수도 있다. 모바일 기기를 활용해 소비 욕구를 즉시 충족할 수 있게 된 것이다.

유형 ❹ 디지털 기술로 고객 경험 증대

새로운 디지털 채널을 만들거나 물리적인 경험을 디지털과 연결해 차별화된 경험을 제공하는 방법 등이 여기에 속한다. 대표적인 수단이 고객여정 맵Customer Journey Map인데, 이는 모든 프로세스에서 고객이 어떤 활동을 하는

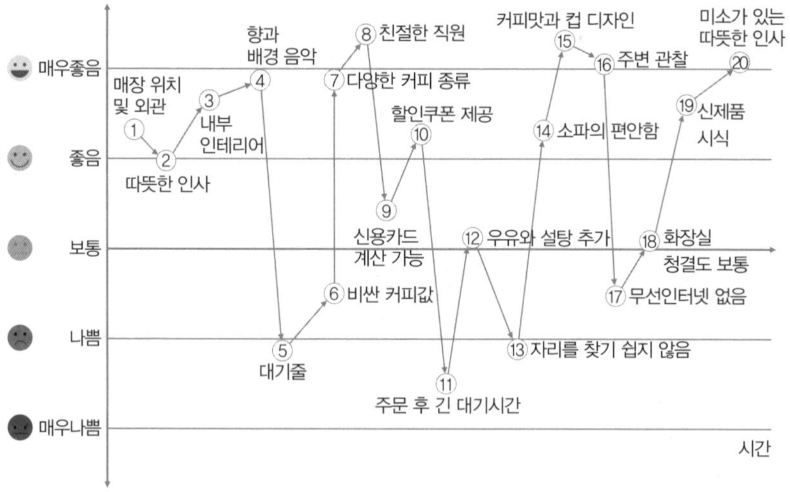

그림 2.17 커피숍의 고객여정 맵(예)

지 단계별로 흐름을 눈에 보이게 정렬하고, 이를 기반으로 고객과의 상호작용을 증대시키려는 시도라고 볼 수 있다(그림 2.17).

세계 최대 커피전문점 스타벅스Starbucks는 고객여정 맵을 활용하면서 보상, 개인화, 결제, 주문 등의 영역에서 디지털 고객 경험을 강화하고자 '디지털 플라이휠Digital Flywheel'이라는 전략을 추진했다. 그 일환으로 빅데이터를 활용한 개인별 맞춤형 추천 서비스를 내장한 모바일 주문 및 결제 시스템인 사이렌 오더Siren Order를 개발했다. 스타벅스 앱을 사용하면 최근 구입 메뉴와 날씨에 따른 추천 메뉴 등 개인밀착형 서비스를 제공받을 수 있다. 이를 통해 매주 9천만 건 이상의 거래가 발생하며, 이 방대한 데이터를 기반으로 스타벅스는 고객이 어디에서, 어떤 메뉴를, 어떤 방법으로 구매하는지 파악해낸다. 이 정보와 날씨, 프로모션, 재고, 현지 이벤트에 대한 인사이트가 결합되면 많은 고객들에게 한층 더 개인화된 서비스를 제공할 수 있다.

CHECK 고객 접점 효율화 및 고객 경험 증대 체크 포인트

- 고객 통합 대상이 되는 시스템은 모두 고려했는가?
- 고객 데이터 관리 면에서 어떤 이슈가 생길 수 있는지 명확히 확인했는가?
- 고객 데이터 표준화 방안은 적절한가?
- 소셜네트워크와 모바일을 통한 홍보나 캠페인 목표가 정확히 정의되었는가?
- 소셜네트워크와 모바일을 통한 홍보나 캠페인에서 타깃 고객은 누구이며, 타깃별로 제공할 콘텐츠는 적절한가?
- O2O 전략의 목표가 분명한가? O2O 통합 및 연계 방안은 적절한가?
- 고객 경험이 이뤄지는 과정에서 발생한 문제점과 개선 포인트는 명확히 정의되었는가?
- 고객 특성별 고객 경험 증대를 위한 목표와 전략 및 방안은 적절한가?

협업과 정보 공유

과거 분업과 전문성이 강조되던 시대에는 자신이 속한 특정 분야에 집중하는 것이 중요했다. 그러나 새로운 시대에는 각 분야가 서로 연결되도록 함으로써, 다른 분야와의 융합과 공유를 통해 새로운 가치를 만들어내는 것이 중요해졌다.

이러한 측면에서 이제는 각 분야 간 긴밀한 협업과 정보 공유가 매우 중요한 이슈로 부상했다. 여기서 협업이란 각 이해관계자들이 소통과 협력을 통해 공동의 목표를 달성하고 성과를 창출하는 행동을 일컫는다. 협업은 사람 간의 관계나 문화적인 요소가 많은 영향을 미친다.

디지털 시대에 사람 간 협업은 기존과 다른 양상으로 나타난다. 같은 공간을 벗어나 글로벌 환경에서 협업을 해야 하는 상황이 많아졌으며, 이러한 점 때문에 온라인을 통한 협업을 둘러싼 관심도 크게 증가했다. 특정 사안이나 이슈에 대해 토론하고 결정할 온라인 공간이 있다면, 직급이나 연령에 구애받지 않고 이슈 해결에만 몰입할 수 있게 된다. 자율적으로 참여할 수 있기 때문에 좀 더 주도적인 기여도 가능하다. 이러한 이유로 최근 디지털 협업 도구가 많은 인기를 얻고 있으며, 많은 기업에서 이를 적극 사용한다(그림 2.18).

다만 협업의 출발점이 '사람'과 '문화'에 있다는 사실을 잊어서는 안 된다. 디지털 기술이나 협업 도구가 디지털 시대의 협업에 크게 기여하고 있지만, 협업할 수 있는 '환경'이 조성되는 것이 우선이다.

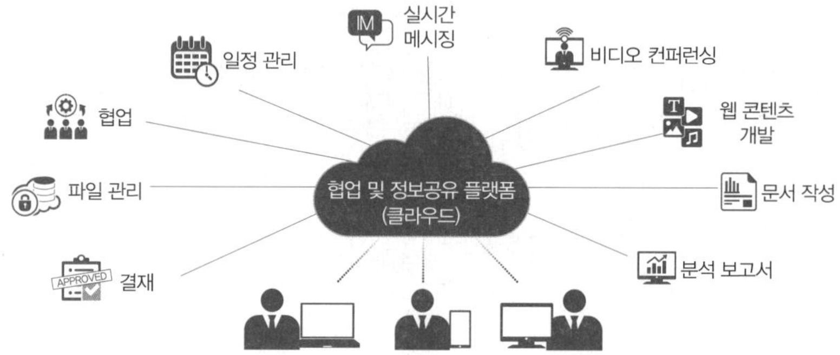

그림 2.18 협업 및 정보 공유 플랫폼

CHECK 협업과 정보 공유 체크 포인트

- 협업하는 데 있어서 어떤 문제점이 있는지 명확히 도출되었는가?
- 문제점에 대한 해결 방안은 적절한가?
- 구성원들의 의견을 수렴하고 반영했는가?
- 클라우드 솔루션 활용 등 비용 효과적인 방안을 고려하고 있는가?
- 디지털 협업 도구는 구성원들이 사용하기에 편리하고 유용한가?

기업 사례 살펴보기

운영 효율성 혁신 사례 1 | 주문부터 배송까지, 적시 배달 시스템으로 혁신한 정육각

복잡한 유통 구조와 과도한 중간 마진 등의 문제가 있던 축산업계에도 변화의 바람이 불고 있다. 이 중에서도 정육각은 디지털 기술을 이용해 실시간 주문형 생산, 재고 제로, 신선을 뛰어넘은 '초超신선'에 도전하고 있다.

정육각은 공장 대부분을 자동화했고, 주문 접수하자마자 도축한 1~4일된 돼지고기를 배달할 수 있는 인프라도 확보했다. 정육각의 목표는 디지

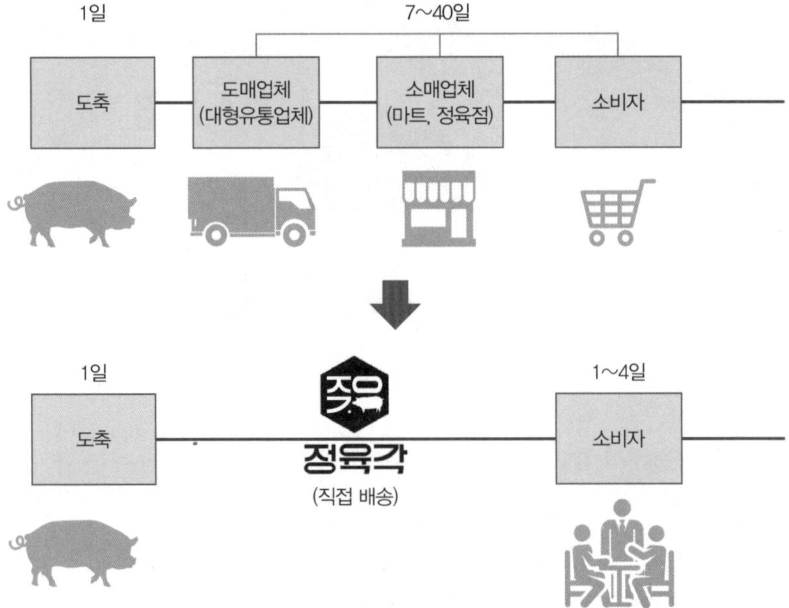

그림 2.19 정육각의 리드타임 단축

털 기술을 활용해 고기 맛이 가장 좋은 골든타임에 신선한 육고기를 고객에게 제공하는 것이다(그림 2.19).

보통 대형마트의 냉장육은 진공 포장을 거쳐 짧게는 일주일, 길게는 한 달 반 동안 유통 및 판매된다. 반면 정육각은 도축 후 1~4일 이내에 고기를 팔며, 유통 단계도 줄였다. 일반적인 유통업자들은 돼지고기 가격이 30% 내려갔을 때 매입하는데, 정육각은 고객이 주문한 당일에 돼지고기를 매입해 판매한다. 도매상을 없애고 농장과 직거래하는 방식을 택했기에 가능한 구조다.

인건비 측면에서도 차이는 두드러진다. 일반 정육업체의 인건비가 매출의 30%라면, 정육각은 자동화 시스템을 구축해 이를 10%까지 낮췄다. 고객이 주문한 데이터는 공장(도축장)으로 실시간으로 전달되어 바로 생산에

들어간다. 휴대폰 하나만 있어도 공장 시스템이 돌아가는 것을 제어하는 데 아무런 문제가 없다. 또한 정육각은 고객에게 고기를 배송하기 전에 고기 사진을 보내 미리 확인할 수 있도록 한다. 이때 고기 사진을 본 고객이 교체를 요청하면 발송 전에 고기를 교체해 주는 맞춤형 서비스도 함께 제공한다.

운영 효율성 혁신 사례 2 | 연구개발 과정에 디지털 기술을 적용한 만드로

만드로는 전자 의수 제조업체로, '돈이 없어서 의수를 쓰지 못하는 사람은 없어야 한다'는 비전을 가지고, 기존에 약 4천만 원의 비용이 들던 의수를 1백만 원에 개발했다. 전자 의수란 마이크로 컴퓨터를 장착한 전동 인공 손으로, 팔이 없는 장애인의 생활에 도움을 주는 보조기기다.

3D 프린터를 이용하면 금형을 만들지 않고도 기본 모델(프로토타입)을 구현할 수 있다. 이 때문에 3D 프린팅을 가리켜 '신속한 프로토타이핑Rapid Prototyping'이라고도 부른다. 만드로는 '기술은 도구일 뿐, 중요한 것은 가치'라는 신념으로 3D 프린팅을 이용한 전자 의수 사업에 뛰어들었다. 3D 프린터로 수백 개의 프로토타입을 만들어 보면서 연구개발 비용을 낮추며 전자 의수를 개발했다. 만약 전통적인 방식으로 금형을 제조해 의수를 개발했다면 그 비용은 막대했을 것이다.

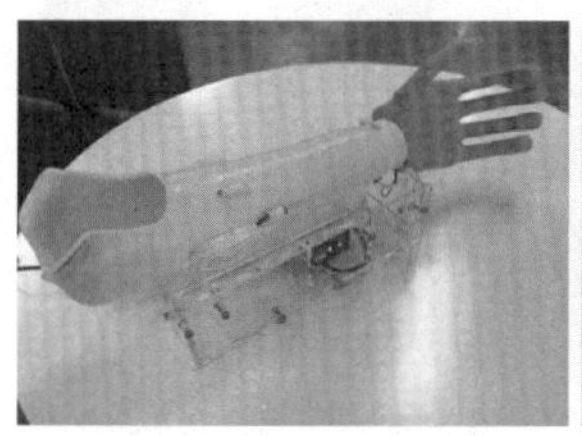
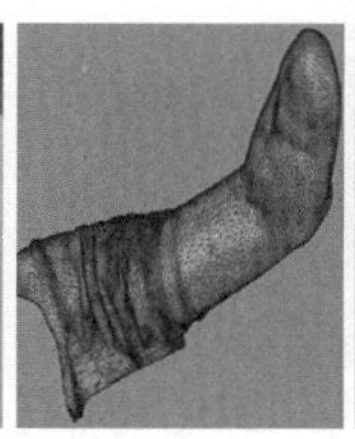
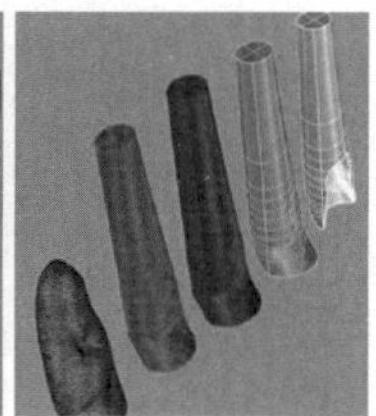

사진 2.20 프린팅을 활용한 저가형 전자 의수

3D 프린터를 '창의 플랫폼'으로 봐야 하는 이유가 여기에 있다. 3D 프린팅은 맞춤형 제작에 최적화되어 있으므로, 사람마다 크기가 다른 전자 의수를 개발하는 데 이를 활용한 것은 탁월한 선택이었다. 또한 3D 프린터를 이용하면 절단 부위에 딱 맞는 팔 모형을 쉽게 얻을 수 있으며, 한 번 스캔한 후에는 원격 제작도 가능하다.

운영 효율성 혁신 사례 3 | 인공지능이 결합된 의료 솔루션으로 의사와 협업한 뷰노

헬스케어 시장은 인공지능 기술이 도입되면서 하드웨어 중심에서 소프트웨어 중심으로 빠르게 변화하고 있다. 뷰노는 2014년 말 설립된 의료 인공지능 스타트업이다. 뷰노는 자체 개발한 딥러닝 엔진인 뷰노넷VunoNet으로 손뼈(수골) 엑스레이 사진을 분석해 어린이의 저성장증을 판독하는 솔루션을 선보였다.

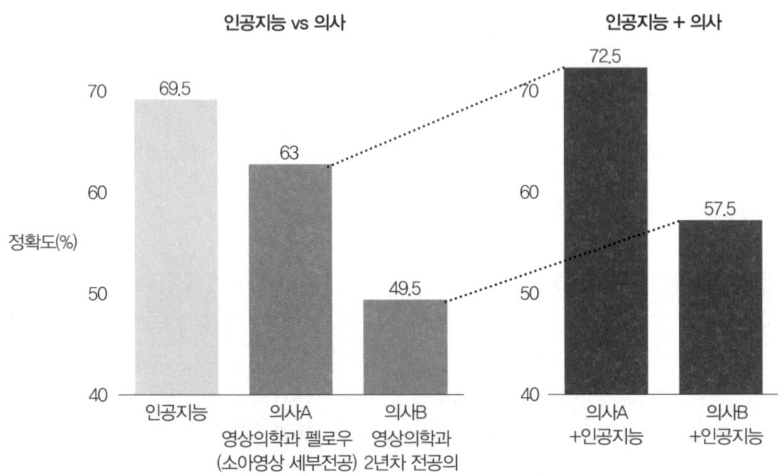

그림 2.21 인공지능과 의사 협업 후 성과 비교(자료: 최윤섭의 헬스케어 이노베이션)

뷰노넷은 손뼈 엑스레이 영상을 자동으로 분석하는데, 이는 의사의 판독 업무를 보조하는 역할을 한다. 즉 뷰노넷은 엑스레이 영상 수만 건을 인공지능에 학습시켜 의사를 보조할 수준의 판독 능력을 갖춘 소프트웨어인 것이다. 전문의가 이 제품을 이용해 판독할 경우 정확도는 약 8%가량 상승하며(그림 2.21), 판독 시간은 최대 40%까지 줄어드는 것으로 나타났다.

비즈니스 모델 혁신 사례 1 | 역경매 방식의 호텔 예약 서비스를 구현한 프라이스라인

지금까지 호텔 예약은 사용자가 호텔이나 여행사 홈페이지를 통해 하는 것이 일반적이었다. 이러한 예약 방식은 디지털 기술을 활용한 수많은 온라인 예약 서비스에 의해 개선되어왔다. 그러나 프라이스라인Priceline은 호텔 산업의 전형적인 비즈니스 모델을 통째로 바꿔버렸다. 그 비즈니스 모델을 살펴보자(그림 2.22).

프라이스라인의 비즈니스 모델이 추구하는 바는 '당신의 가격을 제시하세요Name Your Own Price'라는 슬로건에 잘 나타나 있다. 이들은 '파는 사람(공급자)이 경쟁하면 가격이 떨어진다'는 발상에 기초해 서비스를 만들었다. 이

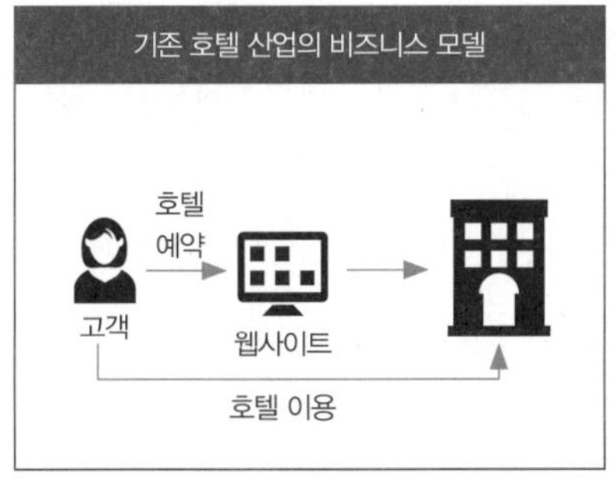

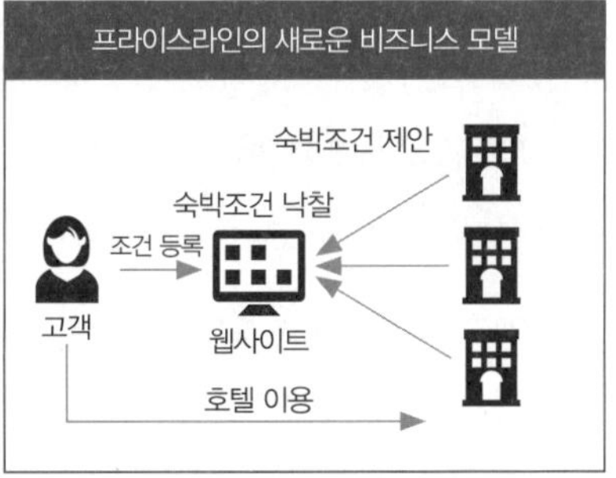

그림 2.22 프라이스라인의 비즈니스 모델 변화

를 역경매 방식Reverse Auction이라고 부른다. 역경매 방식에서는 소비자가 먼저 호텔 공실 가격을 제시하고, 소비자를 잡기 위해 공급자가 경쟁하게 된다. 기준은 등급과 위치 두 가지로 나뉜다. 프라이스라인은 서비스 공급자인 호텔이 겪는 재고 관리 문제를 공급자에게 유리한 방법으로 해결해주는 혁신적인 비즈니스 모델을 만들었다.

프라이스라인은 한때 닷컴버블 붕괴 등으로 주가가 폭락하기도 했으나, 탁월한 비즈니스 모델과 강력한 파트너 네트워크, 고품질의 정보력과 빅데이터를 앞세워 높은 성장을 이끌어냈다. 현재 프라이스라인 그룹은 부킹닷컴Booking.com, 카약Kayak, 아고다Agoda 등 여섯 개 주요 온라인 예약 사이트를 통해 200개국 이상의 소비자와 지역 파트너에게 관련 서비스를 제공하고 있다.

비즈니스 모델 혁신 사례 2 | 낙후된 배달 전단지 산업을 디지털 기술로 변혁한 우아한형제들

2010년 5명으로 시작한 우아한형제들은 현재 직원 1천 명 이상, 기업가치 3조 원의 대표적 유니콘Unicorn기업*이 됐다. 우아한형제들은 배달 전단지 시장에 14조 원 규모의 배달 음식 시장이 있다는 사실을 발견했다. 여기에 모바일을 잘 활용하면 기존 배달 전단지 시장에 획기적인 변화를 가져올 수 있을 것으로 예상했다.

우아한형제들의 배달 앱 '배달의민족'은 디지털 플랫폼을 활용해 지역별 음식점과 가맹 계약을 맺고 주문, 결제, 배달을 통합하는 서비스를 제공한

---

* **유니콘 기업** 기업 가치가 10억 달러(약 1조 원) 이상인 비상장 스타트업

다. 가맹 음식점은 배달의민족 앱 오픈리스트의 신청을 통해 메뉴와 정보가 노출되도록 마케팅을 할 수 있다. 이용자가 오픈리스트에 있는 가맹 음식점을 클릭해서 주문을 하면, 우아한형제들은 음식 주문 금액의 6.8%인 광고수입을 얻게 된다. 월 정액 광고 상품 '울트라콜'도 서비스의 주요 수익원이다.

'배달의민족'은 이용자들이 폭발적으로 늘어나면서 배달 앱 부문 국내 1위 자리를 차지했다. 등록업소만 해도 무려 20만 개다. 누적 다운로드는 4천 5백만 건이며, 월 평균 주문은 1천 8백만 건을 넘어서고 있다. 이는 우아한형제들이 초기부터 다양하고 재미있는 이벤트를 통해 많은 고객을 참여시키고 커뮤니티를 형성한 마케팅 전략 덕분이다. 특히, 새로운 마케팅 콘셉트와 디지털 플랫폼을 적극 활용함으로써 가능했다.

우아한형제들은 스스로를 푸드테크 기업이라고 강조한다. 이는 디지털과 가장 늦게 접목된 분야가 음식이기 때문에 그만큼 혁신할 분야가 많다는 의미를 담고 있다. 기술의 중요성을 체득한 우아한형제들은 현재 120여 명의 개발 인력을 보유하고 있다. 또한 빅데이터, 인공지능, 새로운 디바이스를 접목해 이용자 경험을 혁신하고, 푸드테크 분야에서 독보적인 성과를 내는 글로벌 기업으로 성장하고자 매진 중이다.

비즈니스 모델 혁신 사례 3 | 구조조정과 디지털 비즈니스 모델 혁신으로 위기를 극복한 레고

1998년, 세계 최대 장난감 업체인 레고LEGO는 회사 설립 이래 첫 적자를 내면서 1천여 명의 본사 직원을 해고해야 했다. 선진국의 저출산 현상에 따른 장난감 시장 위축과 소니Sony의 플레이스테이션, 마이크로소프트의 X박

그림 2.23 레고의 마인드스톰

스 등 디지털 게임의 급부상으로 아날로그 장난감의 인기가 떨어진 게 원인이었다. 2000년대 초반에는 부도 위기에 몰리기까지 했다.

레고가 선택한 위기 극복 전략은 구조조정보다 디지털 혁신이었다. 첫 번째 혁신 대안은 네트워크를 활용해 고객을 온라인으로 끌어들이는 것이었다. 이를 위해 레고는 고객이 직접 제품 개발과 개선에 참여할 수 있도록 레고 디지털 디자이너Lego Digital Designer라는 프로그램을 만들었다. 이때까지만 해도 레고 소속 디자이너는 180명에 불과했다. 그런데 디지털 디자이너 프로그램을 통해 자발적으로 참여한 아마추어 디자이너 12만 명이 레고가 게임 시장을 혁신적으로 이끌어 가는 구조로 바꾸었다.

또한 스마트폰 보급화에 맞춰 모바일로 영역을 확장하고자 마인크래프트Minecraft라는 모바일 블록쌓기 게임을 출시하기도 했다. 특히 미국 MIT와 공동 개발한 마인드스톰Mindstorm* 시리즈는 아날로그식 레고 블록과 디지털 부품 세트가 결합해 창의적인 학습을 유도하는 21세기형 교육 도구라고 평가받았다.

레고는 여기에 안주하지 않고 자신만의 맞춤형 레고를 갖고 싶어하는 성

* **마인드스톰** 사용자가 직접 디자인하고 프로그래밍할 수 있으며 모바일 기기로 조작이 가능한 조립 로봇 키트

인들을 기회로 파악했다. 그 결과 3D 프린터를 활용해 고객이 가정에서 직접 레고를 제작할 수 있도록 하는 파브리카토faBrickato 시스템을 선보였다.

이러한 노력을 통해 2000년대 초반 부도 위기에 몰렸던 레고는 10여 년 만에 전 세계 장난감 시장에서 1위 자리에 등극했다. 이로써 레고는 기사회생은 물론, 새로운 성장 모멘텀까지 맞이하며 제 2의 전성기를 구가하고 있다.

고객 접점 효율화 및 고객 경험 증대 사례 1 | 디지털 채널과 스토리텔링 마케팅을 실행한 하나투어

'우리 모녀의 사랑을 발견하는 여행! 엄마와 딸이 하나되는 여행의 시작입니다'라는 모토 아래 하나투어는 새로운 마케팅을 시작했다. 이는 2035인 딸 세대와 5060인 엄마 세대가 함께 공감할 수 있는 '엄마와 딸의 여행'이라는 스토리에 기반을 두고 있다.

광고 영상에서 낯선 곳을 여행하는 모녀는 차츰 서로의 모습을 발견해간다. 모녀 간 사랑을 담은 감동적인 스토리 영상은 유튜브, 홈페이지, 블로

사진 2.24 하나투어의 '엄마애(愛)발견'

그, 소셜네트워크 등에서 퍼져나갔다. 다양한 디지털 채널을 통해 노출된 엄마와 딸의 여행 이야기는 고객의 감성을 자극했고, 자연스럽게 여행 상품의 홍보로 이어졌다. 이 영상은 공개되자마자 폭발적인 반응을 불러일으키며 통합 조회수 1천만 회를 훌쩍 넘겼다. 디지털과 감성이 만나는 최적 지점에서 엄청난 호응을 이끌어낸 것이다.

하나투어의 '엄마애愛발견'은 캠페인 전략, 마케팅 기여도, 광고 효과 등에서 높은 점수를 획득해 대한민국광고대상 통합 미디어-캠페인 전략 부문에서 동상을 수상했다. 이를 발판 삼아 하나투어는 '가족애愛발견' 등 다양한 테마여행 상품을 추가로 개발해 운영하고 있다.

고객 접점 효율화 및 고객 경험 증대 사례 2 | 디지털 기술 결합으로 새로운 경험을 제공한 나이키

나이키Nike는 비즈니스 성장에 있어 디지털 기술이 중요한 기회가 될 것이라고 생각하고, 인터넷에서 제품과 서비스를 연결해 소비자에게 최고의 디지털 경험을 제공하고자 노력했다. 그 결과 디지털 기기와 나이키 제품을 결합한 상품인 나이키플러스Nike+가 탄생했다.

나이키는 고객 경험 증대를 가장 중요하게 생각했다. 따라서 나이키는 이용자의 운동 행위를 측정하고 이 데이터를 다른 사람과 공유할 수 있도록 디지털 경험을 설계했다. 또한 수많은 회원들이 커뮤니티를 더욱 폭넓게 이용할 수 있도록 지원했다.

러너들에게는 도전 목표를 제시해 동기를 부여한다. 나이키플러스 모바일 앱의 '응원 메시지 받기' 기능을 사용하면 페이스북 친구들에게 러닝의 시작을 알리고 응원해 달라는 메시지도 보낼 수 있다. 친구들이 댓글을 달

때마다 응원의 함성과 박수 소리가 들린다. 이러한 기능을 통해 혼자 달리고 있는 이용자는 마치 누군가와 함께 달린다는 느낌을 받는다. 달리기라는 행위에 가치 있는 경험을 더한 것이다. 나이키플러스 앱은 수많은 러닝 앱과 건강앱의 모태라 할 수 있다.

중소기업을 위한 실전 가이드

디지털 혁신을 효과적으로 수행하려면 어떤 점을 고려하면 좋을까? 중소기업의 현황을 고려해 경영진에게 제안하는 실천적 팁이자 가이드를 여섯 가지로 정리했다.

첫째, 기술은 도구일 뿐, 중요한 것은 '가치'라는 사실을 잊지 말아야 한다. 아무리 디지털 기술이 화려하고 강력하다고 해도 회사의 규모나 역량 면에서 감당하기 어렵거나, 사업과 고객에게 충분한 가치를 제공할 수 없다면 과감히 제외할 필요가 있다. 이러한 관점에서 운영 효율성 개선, 비즈니스 모델 혁신, 고객 경험 증대, 협업 및 정보 공유 등이 기업에 어떤 가치를 제공할 수 있을지 면밀히 분석해야 한다.

둘째, 적용 대상 과제를 3~5개 정도로 추리는 게 좋다. 위에서 언급한 여러 내용을 하나하나 분석해 현재 상황에서 어느 영역에 집중하면 좋을지 후보를 정할 수 있을 것이다. 디지털 트랜스포메이션 관련 조직과 임원 회의에서 논의를 거쳐 해당 영역의 주요 과제를 정리해도 좋다. 논의 시 깊이 있는 토론과 함께 유사 사례를 모아 집중적으로 연구해볼 필요도 있다. 전문기관이나 연구소, 대학 등 외부의 도움을 구하는 편이 좋다.

셋째, 적용 대상 과제가 결정되면 우선순위를 정해야 한다. 중요도와 시급성을 반영한 평가 항목들을 점검한 후 우선순위를 정한다. 특히 디지털 혁신을 위한 과제를 수행하는 데는 예산이 필요하므로 이를 고려한다.

넷째, 빠르게 검증할 수 있도록 작은 시도를 먼저 해본다. 처음부터 지나치게 큰 계획을 세우면 필요 이상의 에너지가 들어가 중간에 지지부진해질 수 있다. 따라서 회사의 역량을 고려해 적정한 시도가 어디까지일지 범위를 한정할 필요가 있다. 꼭 필요하지만 역량 때문에 망설여진다면 외부 기관과 파트너십을 맺는 방법도 있다.

다섯째, 막연한 기대감은 갖지 않는 편이 좋다. 쉬운 과제가 아니기 때문이다. 그것이 비즈니스 모델을 혁신하는 일이라면 더욱 어렵고 힘들 수 있다. 고객 접점을 찾아 효율화하고 고객 경험을 향상시키는 일도 디지털 기술을 도입한다고 해서 한 순간에 해결되지 않는다. 성과가 날 때까지 지속적으로 추진해야 함을 잊어서는 안 된다. 디지털 혁신을 추진하는 과정에서 조직 구성원의 관심을 이끌어내야 하고, 반드시 성과를 내려는 노력도 뒤따라야 한다.

여섯째, 자신감과 집요함을 가져야 한다. 경영진은 디지털 트랜스포메이션을 통해 기업가치를 높이고 성장의 새로운 동력을 마련하겠다는 강한 의지와 자신감을 가져야만 한다. 집요하게 물고 늘어지는 강력한 도전의식도 중요하다. 지금까지 많은 어려움과 고통을 감내하며 기업을 키워왔지만, 디지털 트랜스포메이션에 도전하지 않고 안주하면 앞으로 생존을 담보할 수 없다. 그 보상은 배로 돌아올 것이다. 기업가 정신은 디지털 혁신을 이루는 데 가장 중요한 요소 중 하나이다.

• CHAPTER 05 •

디지털 기술과 솔루션

디지털 트랜스포메이션은 비즈니스 성과 개선(운영 효율성 제고, 비즈니스 모델 혁신, 고객 경험 증대, 협업 플랫폼 확보 등)에 초점을 맞춘다. 즉 디지털 트랜스포메이션은 기술 자체가 아닌 비즈니스에 도움이 되는 방향으로 구현되는 것이 중요하다.

이때 디지털 트랜스포메이션의 실행은 디지털 기술과 솔루션의 활용을 통해 이뤄진다. ERP, SCM, PLM 등 전통적인 디지털라이제이션 기술과 솔루션은 물론, 새로운 디지털 기술과 솔루션을 찾기 위한 논의도 시작해야 한다.

경영진이나 업무 담당자는 세부적인 기술을 이해하거나 디지털 기술과 솔루션을 직접 개발할 정도의 전문성을 보유할 필요는 없지만, 새로운 디지털 기술과 솔루션에 대해 기본적인 이해도를 갖춰야 한다. 기본적인 디지털 이해도가 있어야 다양한 비즈니스 성과 개선 아이디어를 디지털 기술과 솔루션을 통해 실현할 수 있다.

이번 챕터에서는 조직 구성원의 디지털 기술과 솔루션에 대한 이해도 및 활용 수준, 각 기술과 솔루션의 특징 및 적용 가능성에 대해 다뤄보고자 한다.

디지털 기술과 솔루션에 대한 이해

4차 산업혁명이 본격화되기 시작한 지금, 누구든 디지털 기술과 솔루션에 대한 기본적인 이해가 있어야 한다. 특히 디지털 트랜스포메이션 과정에서는 조직 구성원들의 디지털 이해도에 따라 더 많은 아이디어가 도출되고, 실현할 수 있는 기회를 가질 수 있을 것이다. 디지털 기술에 대한 이해에 관해서는 크게 네 가지 영역으로 나누어 살펴볼 수 있다.

첫째, 조직 내에서 디지털 기술과 솔루션에 대한 이해가 선행되어야 한다. 우선 전통적인 디지털 기술조차 적용하지 않은 중소기업은 사무자동화나 그룹웨어, 홈페이지 등 기본적인 디지털 기술과 솔루션에 대한 이해가 선행되어야 한다. 신·구를 떠나 비즈니스와 가치창출에 도움이 되는 디지털 기술을 반드시 활용해야 하기 때문이다.

이에 더해 빅데이터, 사물인터넷, 인공지능, 소셜네트워크, 모바일, 클라우드, 블록체인 등 최신 디지털 기술과 솔루션에 대해 기본적인 개념과 특징에 대해서도 학습해야 한다. 다만, 실무 인력은 각 기술에 대한 세부적인 기능과 특징, 기술 구현 방법 등 전문적인 영역까지 학습해야 한다.

둘째, 디지털 기술과 솔루션의 도입이 사업과 제품에 어떠한 가치를 제공할 수 있을지 이해해야 한다. 인공지능 기술이 아무리 뛰어난 알고리즘을 가지고 있어도 이를 모든 영역에 적용할 수는 없다. 다시 말해, 기술적인 특징과 기능을 적용할 수 있는 범위를 찾아야 한다. 가장 빠르게 적용 가능성을 판단하는 방법은 동일하거나 유사한 사업에 적용한 비즈니스 사례를 살펴보는 것이다. 비슷한 사례의 적용이 가능하다고 판단되면 파일럿 테스트를 통해 검증 작업을 하는 것도 필요하다.

셋째, 디지털 전략과제와 기술 및 솔루션을 적절히 연계할 방법을 고민해야 한다. 거시적인 관점에서 보면 디지털 전략과제는 앞서 다룬 바와 같이 운영 효율성 제고, 비즈니스 모델 혁신, 고객 경험 증대, 협업 플랫폼 확보 등의 영역으로 나눌 수 있다. 이렇듯 큰 관점에서 다루는 전략과제와 디지털 기술과 솔루션이 어떻게 연결될 수 있는지 늘 염두에 둬야 한다. 세부 내용은 다음과 같다.

- 운영 효율성을 개선하려면 산업 고유의 업무 프로세스와 공통 프로세스로 영역을 나눠 생각해야 한다. 업무 프로세스 효율화를 위해서는 우선 전통적인 디지털 기술인 ERP, SCM, PLM 등의 도입을 고려할 수 있다. 여기에 빅데이터와 사물인터넷, 인공지능 등의 기술을 생산 공정에 적용하거나 스마트팩토리 솔루션을 활용할 수도 있다.

  연구개발 분야에서는 3D 프린팅 기술을 접목할 수 있다. 모바일을 활용하거나 챗봇을 적용해 업무 편의성을 높일 수도 있다. 더 나아가 정형화된 반복적인 업무는 RPA 기술이나 솔루션을 통해 자동화하는 것도 고려할 수 있다.

- 비즈니스 모델을 혁신하기 위해서는 빅데이터, 인공지능, 사물인터넷, 블록체인 등의 최신 디지털 기술 도입을 어느 비즈니스 아이템에 반영할지 검토할 필요가 있다. 이러한 기술과 솔루션의 접목을 통해 기존 제품이나 서비스를 개선하거나 새롭게 개발할 수 있고, 기존 가치사슬을 획기적으로 단축하거나 변경할 수도 있다. 또한 온·오프라인을 연계하는 방법도 나올 수 있다.

- 고객 경험을 증대시키려면 고객 채널을 연동하여 고객 데이터를 통합관리하고 고객 접점에서 만족도를 높여야 한다. 기본적으로 디지털 마케팅, 디지털 서비스나 챗봇, 디지털 기반 영업 기회 및 상담, 파이프라인 관리 등이 포함된다. 여기에도 고객 경험 솔루션과 챗봇, 모바일, 빅데이터 등의 기술 접목이 필요하며, 최근에는 인공지능의 적용성도 고려된다.

- 협업과 관련해서는 전통적인 그룹웨어를 넘어 업무를 스마트하게 지원할 수 있는 다양한 디지털 협업 솔루션이 적용될 수 있다. 클라우드에 기반해 월정액으로 활용할 수 있는 저비용 서비스도 고려 대상이다.

넷째, 현재 디지털 기술과 솔루션의 활용도가 어느 정도인지 파악해야 한다. 기업의 전체 프로세스와 가치사슬에 비춰볼 때 디지털 기술과 솔루션이 어디서 어떻게 활용되는지 현황 조사와 분석이 이뤄져야 한다. 개선 과제와 미도입 분야에 대한 현황 파악이 선행될 때 필요 기술과 솔루션을 확실히 파악할 수 있다.

디지털 기술과 솔루션의 특징

디지털 기술과 솔루션은 구체적으로 어떠한 특징을 갖고 있을까? 또 각기 다른 비즈니스 개선 요구 사항을 충족할 기술은 어떤 것들이며 이 기술들이 사용자의 요구를 얼마나 쉽게 충족시킬 수 있을까?

아직 많은 중소기업의 디지털 역량 수준이나 이해도는 낮은 편이다. 만약 전통적인 디지털 기술*과 솔루션도 도입되지 않았거나 이를 둘러싼 이해도가 낮은 상황이라면, 개선이 시급하다. 또한 이미 전통적인 기술과 솔루션을 도입해 활용하고 있다고 해도 이들이 지속적으로 발전하고 있음을 염두에 두고, 개선할 수 있는 부분을 점검해 반영해야 한다.

전통적인 디지털 기술은 아날로그 데이터를 디지털 데이터로 전환하거나, 반복하기에 귀찮은 수작업이나 단순 작업을 자동화하거나, ERP와 같이 기업의 주문처리, 생산, 판매, 물류, 회계 등 다양한 프로세스를 통합하는 데 중점을 둔다.

이에 비해 최근 출현한 새로운 유형의 디지털 기술은 사물에 연계된 센서를 통해 다양한 데이터를 생성시키고, 이러한 데이터의 분석을 통해 새로운 부가가치를 창출해낸다. 또한 빅데이터, 인공지능 등 기술 간에 융합이 일어나 더 가치 있는 정보나 통찰력을 생성한다. 나아가 현실 세계와 가상 세계의 높은 컴퓨팅 능력을 연계시켜, 가상 시뮬레이션 등을 통해 현실 세계에서 생산성과 효과를 높일 수 있다(표 2.25).

---

* 전통적인 디지털 기술과 새로운 디지털 기술의 명확한 구분 기준은 없으나, 4차 산업혁명을 리드하는 기술들을 새로운 디지털 기술로 구분할 수 있다

구분	주요 기능적 특성
빅데이터	• 빅데이터의 수집(구조화, 반구조화, 비구조화 데이터) • 빅데이터 분석(군집화, 회귀분석, 예측, 시뮬레이션 등) • 빅데이터 시각화Visualization
인공지능 (머신러닝, 딥러닝)	• 자동 제어, 모니터링/감시/조치, 자동 과업 수행, 가부 판단, 조언 • 예측, 추천, 최적화, 우선순위, 맞춤형 정보 제공, 번역 • 시뮬레이션, 검색/질문 답변, 패턴 분석/분류, 음성 인식, 이미지 분석 • 맞춤형 제조, 인텔리전트 인프라(전력, 수도 등), 자동 배송 및 유통, 의료 진단 및 처방 지원, 자율형 안전/보안, 금융상품 투자, 자동 상품 추천 서비스, 맞춤형 스마트 교육, 스마트홈, 지능형 업무 자동화 등
사물인터넷*	• 센서 기반 인식, 데이터 캡처 • OT와 IT 연계 • 센서 데이터 통합, 분석
모바일	• 모바일 앱 • 모바일 ERP, CRM, 뱅킹, 모바일 커머스, 모바일 콘텐츠 등
소셜네트워크	• 소셜네트워크 기반 홍보/광고
클라우드**	• 사용료 기반 구독, 자유로운 사용량의 증가/감소 • SaaS(소프트웨어), PaaS(개발 플랫폼), IaaS(인프라)
로봇	• 로봇에 의한 자동화(생산현장), 물류, 고객 서비스 등
RPA	• 정형 · 반복적인 업무 자동화
3D 프린팅	• 시제품 제작, 3D 프린팅 플랫폼
Bot	• 챗봇, 비서봇 등
ERP	• 생산계획, 생산, 품질, 자재 구매/재고, 주문, 물류, 재무회계
SCM	• 공급망 계획, 판매 운영계획 통합(S&OP)
PLM	• 제품 연구개발, 제품 수명 관리
MDM	• 마스터 데이터(고객, 공급자, 아이템, 조직, 계정 등) 체제 • 마스터 데이터 생성 룰 및 배포 관리
HCM	• 인사 정보, 급여, 평가, 교육, 채용 등
CX	• 디지털 마케팅, 세일즈, 서비스, 전자상거래 등
관리회계	• 원가, 수익성 분석
스마트팩토리(MES+@)	• MES, SCM, ERP, PLM, 빅데이터/사물인터넷/인공지능, 자동화기기(로봇)
그룹웨어/협업 솔루션	• 결재, 회의 예약, 문서 관리, 게시판, 지식 관리, 협업 등
문서 관리 솔루션	• 문서 관리, 정보 관리, 정보 보호 등
기타 디지털 기술	• 웹 기술, 디지털 미디어 기술 등

표 2.25 디지털 기술 및 솔루션별 주요 기능적 특성

구분	운영 효율성	비즈니스 모델	고객 접점, 경험	협업, 정보 관리
빅데이터	○	○	○	
인공지능(머신러닝, 딥러닝)	○	○	○	
사물인터넷	○	○	○	
모바일	○	○	○	○
소셜네트워크	○	○	○	○
클라우드	○	○	○	○
로봇	○	○	△	
RPA	○		○	
3D 프린팅	○	△		
Bot(Chatbot 등)	○		○	○
ERP	○			
SCM	○			
PLM	○			
MDM	○		○	
HCM	○			
CX	○		○	
관리회계	○			
스마트팩토리(MES+@)	○			
그룹웨어 / 협업 솔루션				○
문서 관리 솔루션	△			○
기타 디지털 기술	○		○	○

표 2.26 영역별 적용 디지털 기술 및 솔루션

---

* 사물인터넷

- **OT(운영 기술, Operation Technology)**: 생산 현장에서 센서 관련 데이터를 연계 처리하는 통신 플랫폼이나 기기의 운영 관리
- **IT(정보 기술, Information Technology)**: ERP, 모바일, 분석 등

** 클라우드

- **SaaS(소프트웨어)**: ERP, CRM, 이메일 등 상용화된 소프트웨어를 서비스 공급자로부터 제공받는 클라우드 방식
- **PaaS(개발 플랫폼)**: 시스템을 개발하고 관리하는 플랫폼을 서비스 공급자로부터 제공받는 클라우드 방식
- **IaaS(인프라)**: 서버, 스토리지, 네트워크 등 디지털 인프라 자원을 서비스 공급자로부터 제공받는 클라우드 방식

그렇다면 주요 영역별로 활용할 수 있는 디지털 기술과 솔루션은 어떤 것들일까? 디지털 기술과 솔루션의 특성을 반영해 디지털 혁신 영역별 적용 기술 및 솔루션의 적용 내용을 정리하면 표 2.26과 같다. 물론 회사별로 세부적인 업무 요건과 기능에 따라 필요한 기술과 솔루션은 추가 혹은 변경될 수 있다.

디지털 기술과 솔루션의 핵심인 데이터

디지털 세상에서 가장 중요한 자원은 '21세기의 원유'라고 불리는 데이터이며, 이는 디지털 혁신을 이끄는 원동력이다. 디지털 기술과 솔루션의 적용 및 활용에서도 가장 중요한 요소는 다름 아닌 데이터다. 결국, 새로운 디지털 기술과 솔루션으로 도출해야 할 최종 산출물은 데이터 분석을 통한 비즈니스와 고객에 대한 통찰력이다. 이에 '데이터가 모든 것을 지배한다'는 명제가 일반화될 만큼 데이터를 둘러싼 관심은 높아졌고, 데이터의 영향력은 막대해졌다.

이렇듯 데이터의 중요성은 갈수록 커지는 추세지만, 다른 한편으로는 대부분의 데이터가 분류 또는 분석되지 못한 상태로 버려지기도 한다. 데이터 중 유용한 가치를 창출할 것으로 판단되는 데이터의 양은 20~30% 정도이다. 그중 약 3%만이 분류되며, 단 0.5%만이 분석을 거친다. 데이터는 이해할 수 있는 경우에만 가치가 있다는 사실을 기억해야 한다.

인공지능 등을 접목한 데이터 분석은 깊은 통찰력을 제공해 더 큰 경제적 가치를 창출할 수 있도록 도울 것이다. 특히 디지털 경제에서는 누가 질

높은 데이터를 더 많이 가지고 있는지, 이를 경쟁자보다 얼마나 잘 활용하는지에 따라 비즈니스 성패가 갈릴 것이다.

그러나 데이터를 기반으로 비즈니스 경쟁력을 높이는 일은 그리 간단하지 않다. 질 좋고 풍부한 데이터를 얻으려면 기본적인 정보시스템과 사물인터넷, 소셜네트워크 등 새로운 디지털 기술이나 솔루션에 대한 투자는 물론, 대량의 데이터를 정제하고 관리하는 데에도 충분한 시간과 비용을 들여야 한다. 필요 시 대량의 데이터에서 의미 있는 가치를 도출하기 위해 인공지능 도구와 같은 고급 분석 환경도 갖춰야 한다.

당장은 이러한 현실이 높은 벽처럼 느껴질 수 있다. 하지만 경영진부터 데이터의 중요성을 이해하고 좀 더 의미 있는 데이터를 모으고 분석하기 위해 지속적으로 노력한다면, 머지않아 그 결과는 비즈니스 성과로 드러날 것이다.

디지털 기술과 솔루션의 적용가치 탐색

디지털 트랜스포메이션 과정에서 언급한 새로운 디지털 기술과 솔루션을 바탕으로 회사의 적용성과 가치를 탐색하는 과정은 매우 중요하다. 기술적인 내용까지 이해하려면 많은 시간이 들겠지만, 각 기술과 솔루션의 특징 및 적용 사례를 면밀히 분석하면 '어떤 업무나 비즈니스에 어떻게 적용하면 효과가 있겠다'는 수준에서 정리할 수 있을 것이다.

디지털 기술과 솔루션의 적용성 여부는 디지털 트랜스포메이션 추진 팀과 현업 실무자의 디지털 혁신과제 도출 과정에서 더욱 면밀히 검토될 것이다. 이를 거치면서 과제는 최종적으로 정리되고, 과제 해결을 위한 디지털 기술과 솔루션이 확정되면 디지털 트랜스포메이션을 위한 전체 솔루션 맵도 도출 가능할 것이다. 이 솔루션 구성도 전체 디지털 트랜스포메이션을 위한 청사진이 될 것이다.

디지털 기술 활용 사례 살펴보기

사례 ❶ 인공지능 활용

자동 제어로 품질 달성 포스코는 세계 최초로 철강 생산 공정에 인공지능을 도입했다. 저마다 다른 고객사(완성차 업체)의 요구 조건을 맞추려면 수시로 조업 조건을 변경하고 도금층 두께를 균일하게 맞춰야 했기 때문이다. 이는 생산 공정에서도 고난도 기술에 속한다. 그동안은 수동으로 도금량을 제어했기 때문에 작업자의 숙련도에 따라 품질 편차가 벌어졌고, 이 때문에 고가의 아연이 지나치게 많이 소모되었다.

이에 포스코는 인공지능을 기반으로 한 '도금량 제어 자동화 솔루션'을 개발했다. 이는 인공지능 기법의 도금량 예측 모델과 최적화 기법의 제어 모델이 결합돼 실시간으로 도금량을 예측하고 목표 도금량을 정확히 맞추는 자동 제어 기술을 일컫는다.

이 기술을 통해 자동차 강판 생산의 핵심 기술인 용융 아연도금을 정밀하게 제어했고, 그 결과 도금량 편차가 획기적으로 줄어들었다. 도금 공정을 자동 제어함으로써 자동차용 도금 강판의 품질 향상과 더불어 생산 원가까지 절감할 수 있게 되었다. 또한 자동 운전을 통해 작업자의 과중한 업무를 줄일 수 있어서 작업 능률 및 생산성도 끌어올릴 수 있었다.

비전 검사로 제조 불량 발견 엘지LG는 제조 공장의 양품·불량품 데이터 수십만 건을 인공지능에 학습시킴으로써 불량 판정용 인공지능 모델을 만들어 활용하고 있다. 특히 데이터 수집, 분석, 학습, 모델링, 적용에 이르는 비전 검사*의 전 과정 중 많은 시간과 노력이 들어가야 하는 학습과 모델링 영역에서 딥러닝 방식을 채택했다. 이를 통해 데이터 분석 모델의 작업 기간을 일주일에서 2시간으로 단축했고, 판독 시간은 약 30배가량 빨라졌다.

또한 불량 판정률은 평균 6% 상승했고, 판정 난이도가 높은 공정에서는 판독률 99.9%를 달성하는 효과를 거뒀다. 나아가 엘지는 LCD·OLED 패널, 화학제품 등 제조 영역에서 결함 감지 및 품질 관리 개선을 위해 머신비전을 적용해 제조 지능화 수준을 높이는 데 더욱 힘을 쏟고 있다.

사례 ❷ 빅데이터 분석 활용

빅데이터 기반 품질 관리 제너럴일렉트릭의 배터리 공장에서는 제품 및 각각의 부품 생산 과정에서 발생하는 모든 데이터를 모은다. 압력, 습도, 온도 등이 어떻게 다른지, 어느 정도의 공정 시간을 거쳤는지, 얼마만큼의 에너지를 사용해 만들어졌는지 등의 데이터가 센서를 통해 전달된다. 따라서 어떤 부품이 불량으로 판명이 나면, 이 데이터를 분석해 어떤 문제가 있었는지 즉시 알아낸 후 조치를 취한다.

이 시스템은 일기예보 데이터를 활용해 외부 습도를 파악하여 공장 내

---

* **비전 검사** 카메라를 이용한 자동화된 이미지 검사

습도를 제어하기도 한다. 또한 배터리 출하 이후에도 내부 컴퓨터 칩을 활용해 빅데이터를 모아 성능 변화를 모니터링하며 수명을 예측한다.

빅데이터 마케팅 국내 중견제약사인 유유제약은 어린이용 진통소염제로 판매하던 베노플러스겔의 매출 정체를 놓고 해결 방안을 고민했다. 이 고민을 해결해준 곳은 빅데이터 전문기업 다음소프트였다. 다음소프트는 소셜네트워크에 올라온 댓글에 나오는 키워드를 분석한 결과, 베노플러스겔이 '멍'과 '어린이'보다는 '멍'과 '여자'와 더 높은 연관성을 보인다는 사실을 발견했다. 당시 젊은 여성 사이에서 '성형수술 후 생긴 멍을 없애는 데 베노플러스겔이 좋다'는 사용 후기들이 소셜네트워크를 통해 퍼져나갔기 때문이다. 또한 성형, 지방흡입, 붓기, 멍 등의 키워드가 베노플러스겔과 밀접한 관계를 가지고 있다는 사실도 알아냈다.

이를 바탕으로 베노플러스겔은 타깃 고객을 바꿔 20~30대 여성을 겨냥한 '멍 치료제'로 마케팅 활동을 시작했다. 멍을 뺄 때 계란이나 소고기를 떠올리던 소비자가 베노플러스겔을 새로운 대안으로 인식하자 주춤하던 매출이 다시 늘어났다.

상품 라인업 재조정 고객의 수요를 정확히 찾아내는 일은 쉽지 않다. 그러나 디지털 기술은 이러한 고객 수요를 파악하는 데 매우 유용한 수단이 된다. 소셜네트워크나 블로그 등에서 생성되는 빅데이터를 분석하면 고객의 선호도나 성향 등을 파악해낼 수 있다.

월마트는 신제품 출시, 특별할인 행사, 제품 라인업 변경, 제품 진열 등 모든 의사결정에 빅데이터를 활용하고 있다. 예를 들어, 월마트는 소셜미디어에서 수집한 빅데이터를 분석해 캘리포니아 마운틴뷰 지역 등 특정 지역에서 자전거에 관심을 둔 거주자가 많다는 사실을 파악했다. 그 후 해당 지역 인근에 있는 월마트 매장의 상품 라인업을 조정하고 마케팅 활동을 실행했다. 매장 입구에 자전거 코너를 신설하고 제품 구성도 다양화하자, 자전거 판매량이 크게 늘었다.

사례 ③ 클라우드 활용

클라우드(PaaS/IaaS) **활용** 하이루는 반려동물 전문 O2O 서비스 기업이다. 반려동물을 입양하는 '가족찾기', 간식과 동물 관련 용품을 자유롭게 거래하는 '사고팔기', 세상을 떠난 반려동물을 애도하는 장례 서비스 '기억하기' 등의 서비스를 제공한다.

하이루와 같은 O2O 서비스 기업의 비즈니스 환경에서는 사용자의 데이터 사용량의 변화 폭이 크고, 그 흐름을 예측하기가 어렵다는 특징이 나타난다. 따라서 데이터 흐름과 사용량에 따라 운영 중인 서비스 인프라를 확장할 필요가 있다. 만약 보완 작업에 신속히 대응하지 않으면 고객의 신뢰도가 저하되는데, 이를 해소하기 위해서는 상당한 시간과 비용을 투자해야 한다.

사진 2.27 하이루의 클라우드 서비스 활용

이러한 문제를 겪던 하이루는 많은 돈을 들여 필요한 시스템을 구축하는 대신 시스템, 하드웨어, 데이터베이스 등을 빌려 쓰는 클라우드 방식을 선택했다. 클라우드 기반 시스템 도입을 통해 하이루는 O2O 사용자나 콘텐츠 증가량에 따른 인프라의 탄력적인 대응, 안정적인 시스템 운영과 비즈니스 확장을 뒷받침하는 디지털 인프라의 신속한 확장성, 제한된 예산이라는 문제를 해결했다.

그룹웨어 클라우드(SaaS) 활용 산업자동화 솔루션 전문기업인 싸이몬은 자동화 기기를 넘어 스마트팩토리를 구현하는 글로벌 산업자동화 전문기업으로 도약하고 있다. 싸이몬은 여러 사이트에서 동시에 진행되는 사업 구조, 사무실 안에서만 이뤄지는 결재, 부족한 소통 창구 등의 문제해결을 위해 그룹웨어 도입을 적극 검토했다.

이때 디지털 인력 부족 및 환경 구축을 둘러싼 초기 투자에 대한 부담 때문에 사용료 기반의 클라우드 서비스를 도입했다. 매달 저렴한 사용료를 내는 클라우드 그룹웨어의 도입으로 사내에서는 종이 서류를 이용하지 않는 페이퍼리스paperless 문화가 정착되었고, 전자결재 속도도 빨라졌다. 또한 사내 커뮤니케이션 및 협업 역량이 강화되었으며 언제 어디서나 모바일 결재를 할 수 있어서 업무 효율도 높아졌다.

사례 ④ 모바일 활용

고객 편의를 위한 모바일 앱 쉐이크쉑Shake Shack에서 출시한 쉑앱Shack App을 사용하면 햄버거 주문 시 방문 매장과 픽업 시간을 미리 정할 수 있다. 또한 영양 정보와 프로모션 정보를 함께 확인할 수 있고, 매장에서 줄을 길게 설 필요가 없으며, 고객이 지정한 픽업 시간 15분 전부터 음식을 만들기 때문에 신선한 음식을 받을 수 있다는 장점이 있다. 주문한 음식이 준비되면 휴대폰으로 안내 문자가 전송된다.

고객 설문에 따르면 쉐앱을 사용한 고객의 91%가 앱이 시각적으로 보기 좋다는 만족도를 드러냈으며, 81%는 쉐앱을 다른 사람에게 추천하겠다는 긍정적인 피드백을 내놓았다.

모바일 현장안전관리앱 현대엔지니어링은 현장의 안전 환경을 실시간으로 점검하고 안전 관리의 효율성을 높이기 위해 모바일 현장안전관리앱을 활용하고 있다. 현장에서 개선이나 안전 조치가 필요한 상황이 발생하면 누구든 즉시 사진으로 찍어 모바일 앱에 등록한다. 간단한 내용을 입력하면 실시간으로 업무 처리까지 가능하다. 이 과정을 통해 후속 조치까지의 시간이 대폭 단축될 뿐 아니라 현장 소장의 서류 결재가 감소하는 등 업무 절차도 간소화됐다.

사례 ⑤ 소셜네트워크 활용

흥미로운 콘텐츠로 고객소통 촉진 브랜드명 '풍년밥솥'으로 유명한 국내 중견 주방용품 회사인 PN풍년은 종합주방용품 회사로 성장하고 있다. 이들은 특히 고객이 원하는 콘텐츠를 조사한 후 소셜네트워크 채널을 활용해 자사 제품을 이용한 요리 레시피 및 압력솥 안전 캠페인 등 흥미로운 콘텐츠를 제공하는 데 주력했다.

고객이 직접 PN풍년 제품을 사용하는 동영상을 촬영해 유튜브에 게시하는 VIP Video in PN 동영상 공모전을 실시해 소셜네트워크 마케팅 효과를 극대화하는가 하면, 3개월 단위로 PN마니아를 선정해 제품 체험, 설문조사, 신제품 아이디어 제안 등의 활동을 맡기기도 한다. 또한 요리 클래스 등 오프라인 모임을 운영하면서 고객과의 소통 채널 확보에 힘쓰고 있다.

즐거움과 경험에 기반한 소셜네트워크 이벤트 미국 텍사스의 중소기업인 예티Yeti는 다양한 아웃도어 활동에 걸맞는 내구성 좋은 아이스박스를 생산 및 판매한다. 일회용으로 사용된 후 버려지는 아이스박스가 많다는 것을 발견하고 금속 경첩, 고무 걸쇠, 두꺼운 뚜껑 등으로 내구성을 강화한 아이스박스를 개발한 것이다. 이 회사는 아이스박스 히트상품인 예티 툰드라 쿨러스Yeti Tundra Coolers를 비롯해 야외 활동에 필요한 모자, 티셔츠, 병따개 등으로 사업 영역을 넓히고 있다.

예티 블로그에서는 주 타깃층인 야외 스포츠 애호가들이 커뮤니티를 형성하고 즐거움과 추억을 공유할 수 있게 유도한다. 고객들은 예티 제품을 사용하면서 겪었던 생활 에피소드를 사진이나 동영상으로 공유하고, 사진 콘테스트, 대리점 디스플레이 콘테스트 등 이벤트에 적극 참여하기도 한다.

매월 열리는 사진 콘테스트에는 600장 이상의 사진이 출품되며, 비디오 영상을 자체 제작해 공유하는 고객도 생겼다. 이처럼 예티는 고객이 자사 제품을 활용한 경험을 나누며 즐거움을 느낄 수 있는 다양한 온라인 이벤트를 열어 고객 충성도와 매출까지 한꺼번에 끌어올리는 데 성공했다.

사례 ❻ 사물인터넷 활용

센서 데이터 기반의 생산 설비 모니터링 및 물류 관리 많은 제조업체가 사물인터넷을 활용해 생산과 물류 과정에서 나오는 데이터를 분석한다. 데이터 분석은 운영 효율화 방안을 제시하고, 고객에게 원가 절감 기회를 제공함은 물론, 고객의 재구매율을 높이는 데 활용된다.

세계적인 건설 장비 회사들은 자사가 판매한 광산 생산설비 가동 데이터를 사물인터넷 기술로 수집해 분석한다. 이를 통해 채광에서 물류, 전력 생산, 용수 처리에 이르기까지 전 프로세스에서 최적화를 실현하고 생산 비용을 절감할 수 있다.

또 대형 덤프트럭에 설치된 센서에서 수집한 정보를 데이터 센터로 전송하고, 이를 분석해 트럭의 노선과 배치를 최적화하기도 한다. 뿐만 아니라, 지상 상황에 맞게 속도를 조절하거나 브레이크를 거는 방법 등 세부사항도 산출한다. 이는 광산에서 사용하는 트럭 연비의 13% 정도를 개선하는 효과를 가져온다. 대형 트럭이 300대 정도 있는 대형 광산은 연비를 1% 개선하는 것만으로도 연간 약 455억 원 상당의 연료 비용을 절감할 수 있다.

고객 데이터 수집으로 맞춤 서비스 제공 디즈니Disney의 미키마우스 인형과 매직밴드도 사물인터넷을 활용한 대표적인 사례다. 미키마우스의 눈, 코, 팔, 배 등 곳곳에 적외선 센서와 스피커를 탑재해 디즈니랜드의 고객 데이터를 실시간으로 수집한다. 이 데이터는 어떤 놀이기구의 줄이 가장 짧은지, 관람객의 현재 위치가 어디인지 등의 정보를 알려준다. 이렇게 수집된 데이터를 활용해 방문객이 적은 날에는 입장료를 할인하기도 하고, 방문객이 몰리는 놀이기구에는 VIP 패스를 도입해 매출을 늘리기도 한다.

또한 매직밴드로도 고객 데이터를 수집한다. 디즈니랜드에서 음식이나 기념품을 살 때 사용하는 매직밴드는 무선 추적 시스템인 무선주파수식별 기술RFID을 활용해 고객의 행동을 추적한다. 디즈니는 매직밴드를 통해 얻은 다양한 데이터를 분석해 고객 맞춤형 서비스를 제공하고 있다. 방문객의 이동 형

사진 2.28 디즈니 매직밴드

태, 소비 패턴, 취향 등 다양한 데이터를 저장, 처리, 분석 및 시각화해 고객 서비스 가치 제고에 적극 활용한다.

중소기업을 위한 실전 가이드

그렇다면 중소기업에서는 디지털 기술과 솔루션을 어떻게 도입하고 활용할 수 있을까? 중소기업의 현황을 고려해 경영진에게 제안하는 실천적 팁이자 가이드를 다섯 가지로 정리했다.

첫째, 모든 기술을 검토하고 적용하겠다는 생각을 버려야 한다. 디지털 기술과 솔루션은 각각 적용할 수 있는 범위가 있고, 특정 부분에서 효과가 클 수는 있지만 만능 해결책은 아니다. 따라서 업무적으로 가장 확실한 성과가 날 부분을 먼저 고민한 후 그 부분에 적합한 기술과 솔루션을 선정해야 한다. 결국 디지털 기술과 솔루션을 비즈니스 가치 면에서 검토하는 일이 우선이다.

둘째, 전통적인 디지털 기술과 솔루션의 도입이 미흡하다면 가장 기본적인 분야부터 출발하기를 권한다. 중소기업은 현실적인 여건상 사무자동화, ERP, MES, 그룹웨어, 홈페이지 등 기본적인 디지털 기술과 솔루션의 도입조차 잘 이뤄지지 않은 경우가 많다. 따라서 새로운 디지털 기술과 솔루션에 대한 논의와 함께 전통적인 디지털 기술과 솔루션이 얼마나 잘 도입되어 있는지까지 논의할 필요가 있다.

셋째, 적용 가능성이 있다고 판단한 디지털 기술과 솔루션은 정식 도입 전에 파일럿 테스트로 검증하면서 사전 검토를 충분히 거쳐야 한다. 특히, 사전 검토 시에는 성공 사례를 찾아 벤치마킹을 해야 한다. 해당 디지털 기술과 솔루션을 성공적으로 활용한 기업을 직접 방문해 궁금한 사항을 물어보고, 도입 시 애로사항과 시사점을 들어보려는 노력이 필요하다. 디지털 기술과 솔루션 업체와 접촉해 기능 및 적용성을 확인하는 것도 좋다.

넷째, 디지털 기술과 솔루션에 대한 전문 지식과 경험이 있는 전문기관, 연구소, 대학 등 외부 파트너와의 협업 가능성도 염두에 둬야 한다. 빅데이터나 인공지능 서비스를 개발하고 솔루션을 검증하려면 분석을 위한 고가의 인프라가 구성되어야 한다. 중소기업의 경우 여건상 자체 분석에는 어려움이 있으므로 전문기관의 서비스를 적극 활용할 필요가 있다.

예컨대, 인공지능 기술의 접목이 필요하다면, AI 이노베이션허브www.aihub.or.kr를 활용한다. 여기서는 인공지능 프로그램 구현을 위한 컴퓨팅 환경뿐 아니라 지능형 APIApplication Programming Interface*도 제공받을 수 있다. 또 공공 분야에서 제공하는 기상, 의료, 통신 등의 데이터 셋도 적극 활용해야 한다.

다섯째, 사용료 기반의 클라우드 활용을 고려할 필요가 있다. 총 이용 비용이 낮고 초기 투자 비용이 적으며, 전문 운영 인력의 부담도 줄일 수 있기 때문이다. 협업이나 정보 공유, 결재 등을 위한 그룹웨어부터 ERP, CRM, 로지스틱스, SCM까지 클라우드의 활용 범위는 매우 넓다. 인공지능, 사물인터넷, 빅데이터 분석에도 클라우드를 활용할 수 있으며, 노

---

* API 한 프로그램이 다른 프로그램을 이용할 때 사용하는 인터페이스

후화된 디지털 인프라도 클라우드로 옮겨서 활용할 수 있다.

단기간 내에 최신 디지털 기술을 이용해 경영 프로세스를 혁신하거나 새로운 비즈니스 모델을 창출하는 경우에도 클라우드 활용을 고려할 필요가 있다. 또한 고객 및 파트너 등 외부와 긴밀하게 의사소통하거나 협업해야 하는 경우, 이메일, 웹사이트, 오디오 · 비디오 · 웹 콘퍼런싱, 이러닝, 미디어 스트리밍 서비스 이용 시 클라우드 활용을 먼저 고려하는 것이 좋다.

• CHAPTER 06 •

인적역량과 조직문화

인적역량과 조직문화는 디지털 혁신에 매우 중요한 요소다. 대부분의 연구 조사에서 많은 기업이 디지털 트랜스포메이션의 실행 과정에서 인적역량의 부족으로 어려움을 겪는다고 답했다. 디지털 혁신은 구성원들의 참여를 통해 이뤄지고, 그 과정에서 구성원의 변화도 이끌어내야 하기 때문이다.

인적역량 측면에서는 내부 인력의 디지털 교육 및 훈련이 필요하며, 상황에 따라 외부 전문 인력의 영입도 고려해야 한다. 조직문화 측면에서는 개방성, 혁신에 대한 수용성, 도전 지향적 문화, 적극적인 참여가 필요하다.

인적역량 강화

인적역량 강화 측면을 먼저 살펴보자. 많은 기업에서 디지털 인재의 부족을 호소하고 있다. 디지털 인재 부족 현상은 급속한 기술 변화로 기존 직무와 새로운 직무 간 디지털 스킬 격차가 커지면서 발생했다. 디지털 트랜스포메이션에서 가장 큰 난관은 '디지털 기술'이 아니라 바로 '사람'이다. 즉 직원들의 디지털 트랜스포메이션에 대한 낮은 이해 수준과 디지털 전문 인력 및 인재 부족이 원인인 것이다. 더욱이 만성적인 인력 부족에 시달리는 중소기업은 디지털 트랜스포메이션에 대한 전문 인력 확보는커녕 기본적인 교육도 시행하지 못하고 있는 실정이다.

그렇다면 인적역량을 강화하려는 노력은 어떤 방식으로 이뤄져야 할까?

첫째, 조직 내 모든 구성원의 기본적인 디지털 이해도와 스킬을 높여야 한다. 조직 구성원이 디지털 트렌드와 변화에 대한 이해도를 높이는 방법에는 외부 강사 초청 강의, 전문가의 자문, 내부 스터디 클럽이나 혁신 동아리 활동, 우수 사례 벤치마킹 등이 있다. 외부 전문 교육기관의 교육 프로그램에 참여하거나 맞춤형 교육 프로그램을 개발하는 등 디지털 혁신을 위한 특별 교육도 필요하다.

이때 주의할 점은 조직 구성원의 디지털 소양을 높이기 위한 기본 교육과 특정 부분의 디지털 역량 강화를 위한 전문 교육을 구분해야 한다는 것이다. 전문 교육은 디지털 기술과 솔루션을 활용한 신제품이나 신서비스 개발, 디지털 마케팅 등 특정 부분에 해당하는 것이라, 이를 추진할 내부 인력을 대상으로 한 체계화된 교육과 훈련이 필요하다.

디지털 혁신을 위한 업무 스킬과 기술 스킬은 표 2.29를 참고하자. 각 회사의 여건에 따라 구체적 내용은 달리하겠지만, 조직 구성원이 특정 부문에 대한 지식과 경험을 개발하고 축적할 수 있도록 지속적으로 지원해야 한다.

요구되는 업무 스킬(예)		요구되는 기술 스킬(예)	
(공통 기본 - 리더) 디지털 리더십			
(공통 기본 - 전 직원) 디지털 트랜스포메이션			
(공통 기본 - 전 직원) 디지털 혁신 사례 분석			
복잡한 문제 해결	공통역량	디지털 기술 트렌드	공통역량
질문	공통역량	디지털 리터러시	공통역량
비판적 사고	공통역량	기술과 컴퓨팅 사고	공통역량
창의성	공통역량	데이터 리터러시	공통역량
일정 관리	공통역량	고객 경험 분석 및 디지털 마케팅	전문역량
타인과의 협업, 조율	공통역량	소셜네트워크와 모빌리티	전문역량
정서지능	공통역량	인공지능	전문역량
판단과 의사결정	공통역량	사물인터넷	전문역량
서비스 지향	공통역량	블록체인	전문역량
협상	공통역량	클라우드 컴퓨팅	전문역량
인지적 유연성	공통역량	스마트팩토리	전문역량
비즈니스 모델	공통역량	3D 프린팅	전문역량
프로젝트 관리	공통역량	개발 툴(파이썬, 자바 등)	전문역량
프로세스 분석	공통역량	데이터베이스 관리	전문역량
디자인 씽킹	공통역량	지능형 로봇	전문역량
해커톤	공통역량	로봇 프로세스 자동화	전문역량

표 2.29 디지털 혁신을 위한 업무 스킬과 기술 스킬(예)

* 디지털 혁신을 위한 업무 스킬과 기술 스킬의 수준은 이론적인 이해도, 실무 적용 능력, 고도의 문제 해결 능력 등을 종합해 다음의 3단계로 평가할 수 있다.

- **레벨1**: 이론적인 배경, 특징, 내용에 대한 기본적인 이해도 및 기초적인 적용 역량 보유
- **레벨2**: 이론에 대한 충분한 이해도와 실무 적용 방안의 기본적인 이해 및 경험을 보유
- **레벨3**: 이론과 실무 경험을 겸비하고, 고도로 특화된 문제 해결 등 적용 역량을 보유

데이터 리터러시 확보

디지털 혁신을 위한 다양한 스킬 중에서 대표적인 '데이터 리터러시Data Literacy'에 대해 좀 더 살펴보자.

이러한 데이터 리터러시는 단순히 데이터를 분석하는 것을 넘어, 데이터를 목적에 맞게 활용하는 데이터 해석 능력을 말한다. 다시 말해, 상황에 맞게 데이터를 읽고 쓰며 소통할 수 있는 능력이다.

데이터 리터러시는 특정 분석가만의 역량이 아니라 디지털 시대를 살아가는 조직 구성원 모두에게 필수적인 역량이 되고 있다. 이를 강화하려면 데이터 기획부터 데이터 수집, 관리, 가공 및 분석, 시각화에 이르기까지 체계적인 학습이 필요하다. 따라서 데이터 리터러시 학습 과정을 체계화하고, 교육 프로그램을 개발해 활용하는 일은 매우 중요하면서도 시급한 과제다.

- **데이터 기획 역량**: 과제 및 목표에 적합한 데이터를 탐색하고, 데이터 활용 계획을 세우는 능력
- **데이터 수집 역량**: 필요한 데이터에 관련된 다양한 소스를 파악하고, 빠른 시간 안에 검색하고 선별해 확보하는 능력
- **데이터 관리 역량**: 데이터를 분석 가능한 형태로 구조화하고 정제하는 능력
- **데이터 가공 및 분석 역량**: 목적에 맞는 데이터 분석 방법을 적용해 의미 있는 결과를 도출하는 능력
- **데이터 시각화 역량**: 데이터를 더욱 쉽게 이해할 수 있도록 그래프, 차트 등 시각화 형태로 표현하는 능력

모든 구성원이 이 다섯 가지 데이터 리터러시 역량을 가질 필요는 없다. 하지만 조직 전체적으로는 반드시 모든 역량이 갖추어지도록 기획하고 강화해

야 할 것이다.

조직에 데이터 리터러시가 강화되려면 우선 경영진에게는 데이터 분석에 기반한 리더십이 필요하다. 현업 실무자에게는 문제 해결을 위해 데이터 분석 및 활용 능력이 필요하다. 이를 추진하려면 먼저 의사결정 및 문제 해결을 위해 필요한 데이터 목록을 정해야 한다. 그 후 체계적으로 수집하기 위한 프로세스 설계와 인프라 및 시스템을 구축해야 한다. 또한 중요한 의사결정이나 업무 수행 시에는 데이터에 기반해 토론과 학습이 이뤄지도록 일하는 방식과 조직문화를 혁신해야 한다.

둘째, 이미 도입했거나, 장차 도입이 필요한 영역에서 구성원의 활용도를 높여야 한다. 예를 들면, 협업과 관리를 위해 구글의 지 스위트G Suite나 마이크로소프트의 오피스 365Office 365를 활용한다고 하자. 이 경우 전 직원에게 빠른 시간 안에 디지털 이해도와 활용도를 높일 수 있도록 하면, 디지털 트랜스포메이션의 효과도 직접 체감할 수 있다.

셋째, 디지털 인재를 확보해야 한다. 디지털 인재는 새로운 기술과 전문성을 갖추어야 하므로, 필요 시 핵심 인력은 외부로부터 수혈받는 편이 좋다. 일반적으로 디지털 최고책임자는 외부에서 영입하지만, 상황에 따라서는 실무를 수행할 인력도 외부 충원이 필요하다. 만약 비용 면에서 인력 채용에 부담을 느낀다면, 외부 전문가의 자문을 통해 내부 인력을 육성하는 것도 방법이다. 경력은 많지 않더라도 잠재력이 있는 인력을 선발 · 교육한다면 디지털 인재로 성장할 수 있다.

넷째, 디지털에 관한 이해도가 높고 변화에 적극적인 지지자들을 조기에 확보해 이들의 지지를 이끌어내야 한다. 특히 프로젝트 초기에 디지털 혁신 지지 인력을 확보해야 한다. 혁신은 불확실한 미래에 대한 불안감을 조성할 수 있으므로 지지 세력 확보는 혁신 프로젝트의 성패를 가르는 중요한 요소로 작용한다.

조직문화의 혁신

조직문화는 디지털 트랜스포메이션에서 전략 못지않게 중요한 역할을 한다. 관료화되고 폐쇄적인 조직문화가 형성되어 있는 조직의 경우 혁신 추진 과정에서 많은 어려움을 겪을 수 있다. 디지털 트랜스포메이션은 트렌드 변화에 대한 민감성, 개방성, 신속성을 요구한다. 대체로 디지털 변화 트렌드에 대한 민감성과 반응성이 높은 기업은 디지털 성숙도 역시 매우 높은 것으로 나타난다.

디지털 트랜스포메이션을 수행하는 과정에서 조직문화는 어떻게 변화에 발맞춰야 할까?

첫째, 디지털 환경 변화에 대한 민감성을 가져야 한다. 많은 디지털 기술과 솔루션, 사례가 쏟아져 나오는 시대다. 지금은 급격한 변화 속에서 비즈니스에 영향을 미칠 기회나 위협을 빠르게 읽어내고 대응하려는 노력이 중요하다. 이를 위해서는 외부의 소리에 귀를 기울여야 한다. 예컨대, 외부 콘퍼런스나 세미나 참여, 정기적인 고객 미팅, 전문가 자문, 교육 참여 등의 활동이 필요하다.

둘째, 기꺼이 위험을 감수하며, 작게 시작해 해를 찾아가는 애자일 방법론(그림 2.30), 린 스타트업, 파일럿 프로젝트 방식을 도입해야 한다. 실패

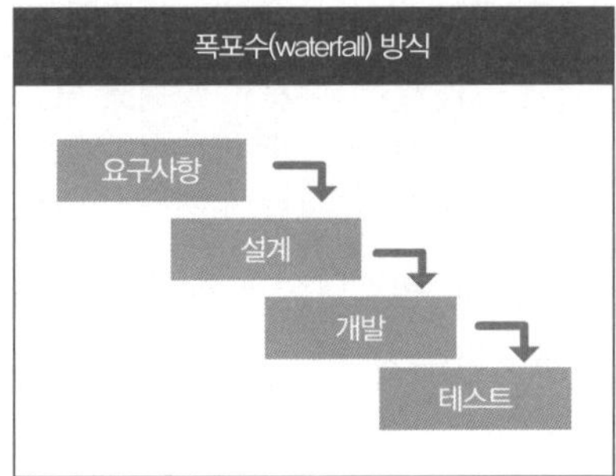

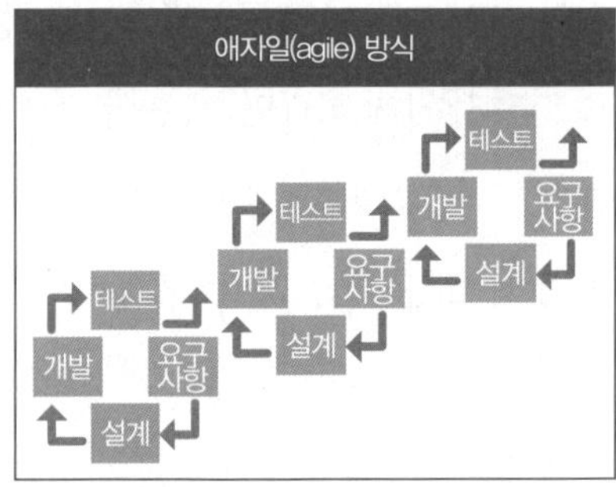

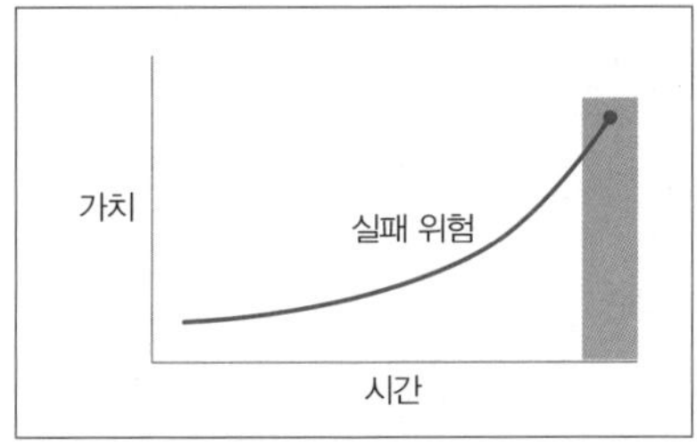

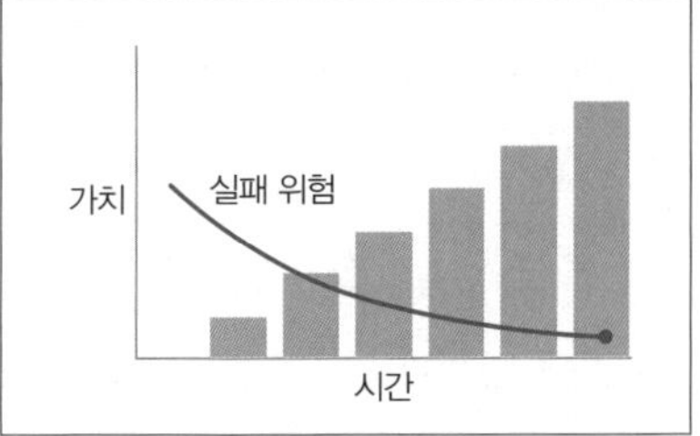

그림 2.30 폭포수 방식과 애자일 방식의 비교

를 두려워하는 보수적인 문화에서는 새로운 시도 자체가 힘들다. 특히, 단기 성과주의에 매몰된 조직은 새로운 도전을 두려워하며, 심지어 시간 낭비라고 생각한다. 이러한 조직에서는 디지털 트랜스포메이션을 성공적으로 도입하거나 실행하기가 어렵다.

따라서 성공적인 디지털 트랜스포메이션을 위해서는 기꺼이 위험을 감수하고 새롭게 시도하고자 하는 문화를 형성할 필요가 있다. 경영진은 이러한 움직임을 보호하며 지지해야 한다. 완벽한 계획과 결과물을 한 번에 얻으려는 대신 작게 시작하고 피드백을 통해 보완하도록 해야 한다. 빠르게 시도하고 보완해서 성공으로 가는 사이클을 반복하는 방식이 디지털 트랜스포메이션에서는 더욱 효과적이라는 사실을 기억하자.

셋째, 개방적인 의사소통에 기반해 협업하고 참여를 장려해야 한다. 디지털 혁신 과정에서 구성원들이 소극적으로 움직이거나 자신과 무관한 일로 느끼지 않게 하려면, 소통의 장을 마련하고 토론할 수 있는 환경을 조성해야 한다. 구성원의 아이디어를 모아 개방적으로 토론하는 문화가 만들어지면 상호 간 학습, 업무 프로세스 개선, 새로운 비즈니스 모델 발굴을 위한 다양한 아이디어 도출이 가능해진다. 이를 추진하는 조직에서는 다양한 이벤트와 방법을 적극 활용해야 한다.

넷째, 혁신에 대한 적절한 보상 체계를 마련해야 한다. 변화를 갈망하게 하는 동기 부여로서 보상이 필요하다는 사실을 인지하고, 이를 디지털 트랜스포메이션 과정과 연계할 필요가 있다. 신분적 보상, 금전적 보상, 정신적 보상 등 다양한 방법을 적절히 활용해 구성원의 참여를 끌어내야 한다. 때론 과감한 보상을 통해 경영진의 관심을 표출하고 조직문화를 바꿀 계기를 마련할 수도 있다.

다섯째, 전문기관, 협력사, 연구소, 대학 등 외부 파트너와 전략적으로 협력해야 한다. 오픈 이노베이션open innovation을 위해 외부 파트너나 이해 관계자와 협력하는 일은 매우 중요하다. 새로운 디지털 기술과 솔루션은 빠르게 발전하고 있으며, 기업 내부적으로는 전문 인력의 부족 문제가 계속 나오고 있다. 따라서 개방형 협업은 여러 가지 문제를 해결할 수 있는 훌륭한 대안이 될 수 있다. 이러한 활동은 프로젝트의 성공 확률을 높이고 성과를 달성하는 데 효과적이다. 또한 개방적인 조직문화로 변화하는 과정에도 도움이 될 수 있다.

MIT는 연구 보고서를 통해 디지털 성숙도가 높은 기업들이 '디지털 혁신에 걸맞은 문화'를 창출하기 위해 많은 노력을 한다는 사실을 밝혀냈다. 성숙도가 낮은 기업은 '위계적이고, 효율성에 중점을 두며, 느리고, 리스크

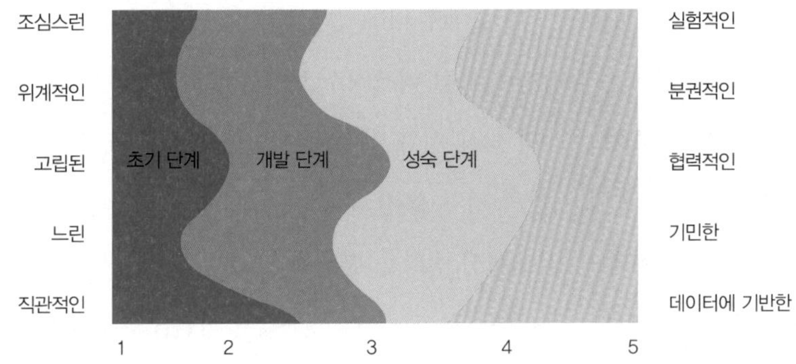

그림 2.31 디지털 성숙 단계별 조직문화(자료: MIT & Deloitte Digital)

를 최소화'하는 데 중점을 두었다. 반면, 디지털 성숙도가 높은 기업은 '실험적이고, 협력적이며, 기민하고, 도전적이며, 데이터에 기반한 의사 결정'을 중시하는 것으로 나타났다(그림 2.31).

디지털 시대에는 변화에 대한 민감성, 수평적인 네트워크, 핵심 인재의 유지·확보 및 고용 유연성, 새로운 도전과 성과에 기초한 보상 체계, 개방적이고 민주적인 실시간 의사소통 및 협력이 필요하다.

인적역량 강화 및 조직문화 혁신 사례 살펴보기

사례 1 | 미래에셋생명의 전 직원 디지털 교육

디지털 기술에 기반을 둔 금융 상품과 서비스 개발이 빠르게 진행되는 가운데, 미래에셋생명은 3개월에 걸쳐 1천여 명의 임직원을 대상으로 인공지능, 빅데이터 등에 관한 고급 기술 교육을 진행했다. 교육 내용은 크게 '디지털 트랜스포메이션 역량', '디지털 트랜스포메이션 테마', '디지털 트랜스포메이션 조직문화' 등 세 분야로 나뉘었다.

역량 과정에서는 다양한 디지털 비즈니스 모델을 살피고, 국내외 인슈어테크(보험과 기술의 결합)의 성장 전략 및 활용 방안을 학습했다. 특히 임원을 대상으로 디지털 기반의 기업 생존 전략과 추진 과제를 모색하는 과정을 개설했고, 함께 중장기 혁신 방향을 검토했다. 테마 과정에서는 빅데이터 분석과 머신러닝, 인공지능 등 고급 기술에 대한 직원들의 역량을 끌어올리는 교육을 진행했다.

마지막으로 조직문화 과정에서는 사물인터넷 기기를 직접 체험하면서 회사 전반에 디지털 환경이 자연스럽게 녹아들 수 있도록 했다. 미래에셋생명은 디지털 교육을 통해 전 직원이 4차 산업혁명에 걸맞은 디지털 역량을 갖추는 것을 목표로, 기업 경쟁력 제고와 새로운 성장 기회 발굴을 위해 이를 지속적으로 추진하고 있다.

사례 2 | 몬산토 임원에 대한 디지털 교육

몬산토의 최고정보관리책임자인 짐 스완슨Jim Swanson은 디지털 기술의 중요성을 알리고 교육시키는 것을 자신의 중요한 역할로 여긴다. 디지털 혁신에서는 구성원 교육이 핵심이라고 생각하기 때문이다. 스완슨은 몬산토의 임원 교육 프로그램인 글로벌 리더십 익스체인지Global Leadership Exchange에서 디지털을 핵심 주제로 잡기도 했다.

또한 그는 틈틈이 현장을 방문해 사업부 리더들과 "디지털이 실제 사업에서 의미하는 바가 무엇인가?"라고 질문을 던지며 토론한다. 디지털 기술을 어떻게 현업 실무에 효과적으로 적용할 수 있을지 함께 고민하기 위해서다. 스완슨은 디지털 트랜스포메이션을 성공적으로 이끌기 위해서는 디지털 리더십 교육이 매우 중요하다고 믿는다.

사례 3 | AT&T의 재교육 프로그램

AT&T는 소프트웨어 기반의 무선 네트워크 사업으로 전환하기 위한 전략을 수립했다. 이를 위해 전 임직원의 재교육이 필요했고, 전사적으로 디지털 혁신을 추진하고자 '재교육 프로그램talent reskilling'을 만들어 운영했다. AT&T는 250개 직무를 80개로 통합 및 개편해 직무 구조를 재구성하고, 디지털 사업에 적합한 직무를 선정했다.

그 후에는 통합된 직무별로 인사관리 체계를 단순화하고, 신규 디지털 직무 스킬을 확보하는 한편 성과 연계형 인사관리 방식을 채택했다. 신규 디지털 직무를 잘 수행하는 인재가 더 좋은 평가를 받을 수 있도록 평가 지표, 평가 등급, 보상 체계를 혁신한 것이다. 또한 온라인 플랫폼으로 디지털 경력 개발 체계를 구축해 임직원이 자신의 현재 기술과 역량을 쉽게 평가하고, 부족한 기술과 역량은 교육받을 수 있도록 지원하고 있다.

사례 4 | 캐나다 중소 제조업체 CME 컨소시엄 프로그램

개별 회사가 디지털 혁신 역량을 높이기 위해 노력하는 경우도 있지만, 여러 회사들이 상호 간 학습을 통해 혁신과제나 기술적인 문제 해결을 도모하는 경우도 있다. 특히, 중소기업의 경우에는 지역이나 산업 집적단지(클러스터) 내에서 이뤄지는 상호 학습 방식이 매우 효과적일 수 있다.

캐나다 중소 제조업체 CME(Canadian Manufacturers & Exporters, 캐나다 제조 & 수출협회) 컨소시엄 프로그램은 10~12개 중소업체가 디지털 학습 그룹을 형성해 상호 멘토링을 진행하는 것이다. 캐나다 중소기업부에서 펴

실리테이터를 파견해 상호 학습 모임을 지원하고, 학습 안건과 자료 공유를 지도한다.

10~12개 중소 제조업체는 학습 컨소시엄을 구성한 후, 14개월간 월 1회 미팅을 통해 기술적 문제 해결부터 혁신 기술 공유에 이르기까지 다양한 주제에 관해 상호 학습한다. 그 결과 참여 기업에서는 새로운 디지털 공정 기술과 혁신 기술 도입이 빠른 속도로 이뤄지는 성과를 거두었다.

사례 5 | ING의 애자일 조직

급변하는 비즈니스 환경에서 핵심 경쟁력은 '더 빨리 움직이고 더 신속하게' 변화하는 것이다. 구글, 아마존, 스포티파이, 넷플릭스 등 성공적인 디지털 혁신기업은 빠르고 과감하게 움직이는 방식과 애자일 조직 구조를 특징으로 하고 있다. 맥킨지의 분석에 따르면 애자일 조직은 다른 조직에 비해 시장 진출 기간은 약 10분의 1로 단축, 비용은 40% 절감, 생산성은 27% 더 높은 것으로 나타났다.

세계적인 금융회사인 ING는 2000년대까지만 해도 5천여 개가 넘는 지점이 있었지만 디지털 금융의 확산으로 전체 지점의 70%가 문을 닫을 위기에 처했다. ING는 이러한 위기를 넘어서기 위해 기존의 기능적 위계 조직을 과감히 탈피하고 대상 고객을 중심으로 마케팅, 상품 개발, 데이터 분석, IT 등 각 분야의 전문가로 구성된 350개 애자일 스쿼드(분대형 팀)를 구성해 업무 생산성과 고객 서비스를 획기적으로 개선하고 상품 개발 기간을 크게 단축했다.

또한 분기별 성과 점검 보고를 통해 기업 전체의 전략을 논의하고, 조직 문화를 스타트업과 흡사하게 바꾸었다.

중소기업을 위한 실전 가이드

그렇다면 중소기업은 디지털 트랜스포메이션 추진을 위해 인적역량과 조직문화에서 어떤 계획을 세우고 실행할 수 있을까? 중소기업의 현황을 고려해 경영진에게 제안하는 실천적 팁이자 가이드 다섯 가지를 제안한다.

첫째, 디지털 트렌드와 변화에 관한 조직 내부 인력의 이해도를 파악해야 한다. 간단하게는 디지털 트랜스포메이션 관련 용어 열 가지를 질문하고, 각각 5분 정도 브리핑이 가능한지 살펴보는 방법이 있다. 이 정도 질문으로도 디지털 트렌드에 대한 이해도나 관심도를 가늠할 수 있는데, 현실적으로 많은 기업의 구성원들이 매우 부족한 상태임을 알게 될 것이다. 긍정적으로 보면, 이는 구성원 스스로 학습 의욕을 불러일으키는 동기 부여 역할을 할 수 있다.

둘째, 디지털 이해도를 높이기 위해 외부 전문가 특강을 마련하거나 관련 외부교육에 구성원이 참여하도록 유도해야 한다. 만약 비용이 부담스럽다면, 유튜브 등 동영상 플랫폼에 올라온 콘텐츠를 활용해 학습한 후 오프라인에서 토론하는 방식으로 접근해도 좋다. 어느 정도 사전 학습이 끝나면, 조직 내부 토론을 통해 필요한 업무 스킬 영역을 도출한다. 그 후 필요한 교육과 요구 조건을 확정하고 내·외부 교육에 구성원을 참여시켜야 한다. 교육에 참가한 인력은 반드시 내부 전파 교육을 하도록 하고, 디지털 혁신을 위한 다양한 프로그램에 주도적으로 참여하도록 독려한다.

셋째, 애자일 조직을 구성하고 실행해야 한다. 대부분의 중소기업은 인력이 적기 때문에 소수의 애자일 조직을 구성하는 것이 바람직하다. 애자일 조직을 구성했다면, 이들이 일정 기간 자유롭게 주제를 정해 학습할 수 있도록 한다. 주제는 사전에 토론을 거쳐 정하는 편이 좋으며, 일단 시도한 후 발전시키겠다는 생각으로 접근하기를 권한다. 이 과정이 원활하게 진행되면 구성원 사이에 도전과 열정이 생겨나 조직문화도 바꿀 수 있다. 큰 조직보다는 작은 조직이 기민하게 움직일 수 있으므로 이러한 변화를 받아들이기 쉽다.

넷째, 오픈 이노베이션을 적극 활용해야 한다. 중소기업의 디지털 트랜스포메이션에서 오픈 이노베이션은 매우 중요한 활동이다. 중소기업은 자체적으로 전문 인력이나 조직을 보유하기 어렵기 때문에 전문기관, 협력사, 연구소, 대학 등과 협력하는 편이 효과적이다. 오픈 이노베이션의 방법은 기술 구매, 공동 연구, 연구개발(위탁 연구), 장기 지원 계약, 합작 벤처 설립, 벤처 투자, 기업 인수, 해결책 공모, 집단 지성 활용 등으로, 회사의 상황에 적절한 것을 선택해 활용하면 된다.

다섯째, 데이터 분석 기반의 조직문화와 일하는 방식을 정립해야 한다. 중소기업에서도 많은 데이터가 생성되기 때문에, 경영진부터 데이터의 중요성을 인지하고 데이터에 기반해 토론하고 학습하는 문화를 만들어 나가야 한다. 아직 디지털화가 충분히 진행되지 않았다면 정제되지 않은 데이터가 많겠지만, 차츰 디지털 기술이 접목되면서 더욱 많은 데이터를 효과적으로 수집하게 될 것이다. 쉽게 활용할 수 있는 스프레드 시트(엑셀 등) 부터 시작해 고객 접점이든, 생산 현장이든, 신제품 개발 부서든 많은 데이터를 모으고, 관리하고, 분석하고, 활용하는 선순환 구조를 만드는 데 노력을 기울여야 한다.

PART 3

디지털 트랜스포메이션 추진 방안

"잘못된 전략이라도 제대로 실행한다면 반드시 성공할 수 있다.
반대로 뛰어난 전략이라도 제대로 실행하지 못한다면 반드시 실패한다."

—

스콧 맥닐리, 선마이크로시스템즈 전 CEO

중소기업 CEO 김혁신 대표,
디지털 트랜스포메이션에 시동을 걸다

김혁신 대표는 디지털 트랜스포메이션을 하려면 어떤 역량이 필요한지 비로소 이해했습니다. 특히 디지털 리더십을 가지고 비전과 목표를 명확히 제시하는 일이 무엇보다 중요하다는 사실을 깨달았습니다. 이러한 비전과 목표가 조직 구성원에게 잘 공유돼야 한다는 것도 느꼈습니다. 전략과제 구체화, 실행을 위한 전담 부서 확정, 역할 분담, 자원 및 예산 배분, 시스템 설계 및 제도화 등이 유기적으로 이뤄져야 한다는 점도 이해했습니다. 또한 디지털 기술과 솔루션을 잘 알고 이를 비즈니스와 어떻게 연계할지 고민이 필요하다는 점에도 공감했습니다.

김 대표가 디지털 트랜스포메이션 역량을 평가한 결과, 경영진은 디지털 트렌드에 관심을 두기 시작했지만 구성원들의 이해도는 여전히 낮은 것으로 드러났습니다. 과제를 체계화하거나 제도적인 뒷받침을 시작하기 전이라 디지털 트랜스포메이션은 '미흡 단계(5점 만점에 1.97점)'로 나타났습니다. 이는 '디지털 혁신을 시작하지 않았거나 관심이 미흡한 단계'이고 앞으로 해야 할 일이 매우 많다는 의미입니다.

그렇다면, 디지털 혁신을 위해서는 무엇부터 시작해야 할까요? 김혁신 대표는 무엇부터 시작할지 어떤 방법이 좋을지 막막합니다. 체계적인 방법론을 들은 적도, 실제 경험한 적도 없기 때문입니다.

하지만 사전 준비를 철저히 하고 좋은 가이드를 받는다면 흥미로운 도전이 되리라는 생각이 듭니다. 마치 육상 선수가 출발선에서 신호를 기다리며 초조함과 긴장감을 느끼듯, 김혁신 대표는 약간의 두려움과 설렘이 교차함을 느낍니다.

이제 디지털 트랜스포메이션에 시동을 걸 차례입니다. 조직 구성원과 하나가 되어 단계별 가이드를 따라간다면, 시행착오를 줄이고 변화의 여정을 효율적으로 이끌어 갈 수 있을 것 같습니다.

이번 장에서는 다음 질문에 대한 답변을 통해 김혁신 대표에게 조언과 응원을 건네고자 합니다.

- 디지털 트랜스포메이션을 실행하기 위해서는 어떤 단계를 거쳐야 하는가?
- 사전에 준비할 사항은 무엇인가?
- 단계별로 어떤 과업이 있고, 무엇을 고려해야 하는가?
- 단계별로 활용할 수 있는 방법론에는 무엇이 있는가?

• CHAPTER 01 •

디지털 트랜스포메이션 추진

디지털 트랜스포메이션은 어떠한 단계를 거쳐 추진해야 할까? 디지털 트랜스포메이션의 당위성이 정리되면, 그다음에는 구체적으로 실천하는 방법을 고민해야 한다. 물론 특정 방법론이 모든 문제를 해결할 수 없으며, 완벽한 방법론도 없다. 그러나 가지 않는 길을 안전하게 통과하려면 사전에 여러 가지 상황을 예측하고 대비해야 한다. 이때 경험 있는 누군가가 건네는 조언이 있다면 도움이 될 것이다. 더불어 조직 내부에서도 성공적인 디지털 트랜스포메이션을 위해 많은 고민과 학습을 거쳐야 한다.

디지털 트랜스포메이션 단계별 추진 내용

디지털 트랜스포메이션은 사전 준비를 통해 기반을 조성한 다음, 5단계에 걸쳐 실행할 수 있다(그림 3.1).

사전 준비는 경영진이 디지털 트랜스포메이션의 필요성을 인지하는 것부터 시작한다. 디지털 트랜스포메이션을 추진하려는 의지와 확신, 통찰력을 가진 경영진은 디지털 변화를 둘러싼 내·외부 이해도를 높이고, 디지털화를 회사의 과제로 정해야 한다. 이를 추진할 조직을 구성하고 사례를 학습하면서 디지털 트랜스포메이션에 대한 관심을 이끌어낼 필요도 있다. 그 후 디지털 트랜스포메이션 추진 계획을 수립해야 한다. 사전 준비가 완료되면 일반적으로 다섯 단계를 거쳐 디지털 트랜스포메이션이 추진된다.

1단계에서는 디지털 역량 진단을 통해 기회를 발견한다. 이 단계에서는 앞에서 소개한 5대 영역(57쪽 참조)에 대한 디지털 역량을 평가하고 결과를 분석한다. 분석 결과는 향후 추진 방향과 과제의 가이드로 활용한다.

2단계는 목표 수립 및 방향 설정이다. 디지털 역량 진단 결과와 경영진의 의지를 바탕으로 비전 및 목표 설정, 전략 방향 수립, 리더십과 관리운영 체제 구축, 조직 및 인력 확보와 육성을 실행한다. 전사 차원에서 디지털 혁신을 위한 공감대를 형성하려는 노력도 필요하다.

3단계는 디지털 혁신과제 도출 및 우선순위 결정이다. 주요 영역과 프로세스별 혁신 기회를 도출한 후, 이를 검증하고 과제화한다. 정해진 과제는 세부적으로 다시 정의한 후 우선순위를 설정한다. 과제 수행을 위한 디지털 기술과 솔루션을 검토하고 확정한다.

4단계에서는 과제를 추진하기 위해 일정을 계획한다. 과제별 세부 계획과 예산을 반영하고, 일정 계획을 수립해 실행을 준비한다. 과제별 성과 목표와 지표도 설정해야 한다.

5단계는 과제 실행 및 고도화 단계이다. 우선순위와 일정 계획에 따라

그림 3.1 디지털 트랜스포메이션 추진 단계

실행 준비가 끝나면, 프로젝트를 통해 과제를 수행한다. 과제를 원활하게 수행할 수 있도록 모니터링하고 결과를 피드백한다. 필요 시 고도화를 통해 추가 개선 사항을 보완하도록 한다.

사전 준비 및 본격적인 다섯 단계에 대해 좀 더 구체적으로 살펴보기로 하자.

0단계: 사전 준비

사전 준비는 디지털 트랜스포메이션을 추진하기 위한 준비 단계로, 디지털 과제 도출과 프로젝트 추진의 성패를 가를 정도로 중요하다. 사전 준비는 보통 1~2개월이 걸린다. ERP 도입 등 어떠한 형태로든 디지털화를 이미 실행했거나 현재 추진 중인 기업도 있을 것이다. 그러나 이 과업은 기업 전체의 비즈니스 관점에서 바라봐야 한다. 즉 디지털 트랜스포메이션을 달성하기 위한 도전의 일환으로 전사 차원에서 새로운 디지털 기술과 솔루션의 접목을 고려할 필요가 있다.

사전 준비 시 주요 과업

사전 준비 시의 주요 과업은 경영진의 추진의지 및 통찰력 확보, 추진 조직 구성, 사례연구, 디지털 혁신에 대한 학습, 추진 계획의 수립 등이다. 이에 대해 간략히 설명해보기로 한다.

경영진의 추진 의지와 통찰력 확보 경영진의 초기 학습은 매우 중요하다. CEO를 비롯한 경영진은 디지털 트렌드를 이해하고, 이것이 자사 비즈니스에 미칠 영향이 무엇인지 충분히 고려해야 한다. 이를 위해 외부 세미나, 콘퍼런스, 포럼 등에 적극 참여하거나 관련 서적을 탐독하면서 이해도를 높여야 한다. 필요 시에는 외부 자문위원의 도움을 받아 전반적인 이해도를 높일 수도 있다.

이때 경영진은 잘못된 인식을 갖지 않도록 주의해야 한다. 디지털 트랜스포메이션의 첫 단추를 잘못 꿰는 실수를 범할 수 있기 때문이다. 디지털 기술의 화려함을 맹신해 무작정 밀어붙이는 방식은 무모하며, 내부 역량을 배제한 전략도 위험하다. 구성원들의 충분한 이해를 돕기 위해 가능한 많은 질문을 만들고, 하나하나 답을 채워간다는 생각으로 임해야 한다.

디지털 트랜스포메이션의 필요성 인지 학습을 통해 기본적인 이해도를 높인 후에는 디지털 트랜스포메이션이 경영에서 왜 중요하며, 어떠한 영향을 미칠 수 있는지 명확하게 정리해야 한다. 막연한 내용보다는 예시 등을 통해 구체적인 방향을 제시할 만큼 실질적이어야 한다. 이는 디지털 비전과 전략 방향을 정립할 때 중요한 역할을 한다.

디지털 트랜스포메이션 추진 조직 구성 경영진의 생각이 정리되면, 실행에 옮기기 위한 조직을 구성해야 한다. 인력을 많이 보유한 큰 조직에서는 우수한 인력을 중심으로 조직을 구성하는 일이 그리 어렵지 않다. 하지만 규모가 작은 조직에서는 인력을 차출하기가 힘들고, 우수한 핵심 인력을 현업에서 빼기는 더더욱 어렵다.

그럼에도 디지털 트랜스포메이션의 추진 조직은 반드시 핵심 인력으로 구성해야 한다. 추진팀은 전략과 기획 및 혁신 부서 인력과 정보 기술 인력이 함께 구성되는 편이 바람직하다. 조직 규모나 프로젝트 규모에 따라 다르겠지만, 최소 2~5명이 필요하며 별도의 전담 팀 형태로 구성하는 것이 좋다.

다른 한편으로는 임원급이나 뛰어난 업무 능력을 보유한 팀장급을 포함한 '디지털혁신위원회'를 구성하는데, 필요 시 외부 전문가를 포함할 수도 있다. 디지털혁신위원회는 중요한 의사결정을 시행하고, 프로젝트를 후원하는 역할을 맡는다.

사례 조사 및 연구와 학습 디지털 변화가 비즈니스에 어떠한 영향을 미치는지, 또한 어떻게 비즈니스를 변화시키고 새로운 기회나 위협 요인이 될 수 있는지 검토해야 한다. 이를 위해 다양한 디지털 혁신 사례를 살펴볼 필요가 있다. 꼭 동종업계가 아니더라도 글로벌 기업이나 대기업의 선진 사례와 강소기업의 혁신 사례를 다수 학습하는 것이 좋다. 경영진이 직접 관련 기업에 방문하거나 다양한 세미나에 참여할 수도 있다. 경쟁사 동향도 살펴야 하며, 기회 요인과 위협 요인을 분석해야 한다.

사례 연구와 공유를 통해 시사점이나 통찰을 얻으려는 노력도 필요하다. PMO* 역할을 맡은 인력은 '디지털 변화 추진자'로 양성하는 것을 목표로 외부의 교육 기회에 적극 참여할 수 있도록 배려해야 한다. 디지털 혁신은 아는 만큼 성공할 확률이 높다.

디지털 트랜스포메이션에 대한 필요성 인식과 관심 유도 경영진은 기회가 닿는 대로 조직 구성원에게 디지털 트랜스포메이션의 중요성과 필요성을 알려야 한다. 아직 구체적인 디지털 비전과 목표를 수립하지 않았더라도, 이것이 경영상 중대한 안건임을 구성원들이 인식하도록 해야 한다. 특히 관리자급의 인식과 관심을 높여야 하며, 필요 시 외부 인사를 초빙해 인식 제고 프로그램을 진행할 수도 있다.

디지털 트랜스포메이션 추진을 위한 계획 수립 마지막으로 디지털 트랜스포메이션을 위한 추진 계획을 세워야 한다. 1차 목표는 디지털 트랜스포메이션의 추진 과제를 도출하고 체계화하는 것이다. 계획 수립 시에는 외

---

* PMO(Project Management Office) 프로젝트 전 과정에서 더 좋은 프로젝트 성과를 내기 위해 자원 배분, 작업 및 일정 관리, 리스크 관리, 성과 분석 등 실무 작업을 수행하는 프로젝트 관리 조직

부 자문위원이나 컨설팅사의 도움을 받을 수도 있다. 여기에는 디지털 비전과 전략 수립, 과제 도출 및 분석, 우선순위 결정, 일정 계획 작성, 프로젝트 준비 등 전반적인 작업 계획이 포함된다. PMO가 주도적으로 작성하고, 디지털혁신위원회의 검토와 피드백을 거쳐 확정한다.

1단계: 현상 진단과 기회 발견

현재의 디지털 역량에 대한 진단을 통해 기회를 발견하는 단계다. 디지털 비전과 리더십, 디지털 전략과제 추진, 디지털 혁신, 디지털 기술과 솔루션, 인적역량과 조직문화 등 5대 영역에 대한 역량을 평가하고 그 결과를 분석하며, 분석 결과는 향후 추진 방향 및 과제의 가이드로 활용한다. 진단 항목과 내용은 앞에서 기술한 5개의 디지털 역량을 참고한다(57쪽).

1단계의 주요 과업

1단계의 주요 과업은 디지털 준비도 및 성숙도 평가하기, 개선 포인트 정의하기 등이다. 이에 대해 간략히 설명해보기로 한다.

디지털 역량 평가 수행 계획 현재 우리 회사의 디지털 역량 수준을 정확히 진단하는 것은 매우 중요하다. 현재의 수준이 정확히 파악된 상태에서 미래를 향한 혁신 방향과 계획이 실효성을 가질 수 있기 때문이다. 따라서 먼저 누가, 언제, 어떻게 참여해서 디지털 역량 평가를 수행할지 정리하고, 평가 결과 집계 및 향후 토론을 위한 워크숍을 계획하는 것이 선행돼야 한다.

구분	내용	점수
방안1	내부 PMO가 중심이 되어 설문 내용 이해 후 각자 평가	항목별 평균 점수
방안2	내부 PMO가 중심이 되어 협의 후 토론식 평가	합의된 점수 반영
방안3	전문 컨설턴트의 주재하에 PMO 구성원의 개별 평가 반영	항목별 평균 점수

표 3.2 디지털 트랜스포메이션 역량 평가 방식

※ 가능하다면 방안3을 활용하는 편이 좋으나, 여건이 어렵다면 방안 1, 2를 활용한다.

※ 평가 참여자는 반드시 질문 항목의 내용을 이해하고 평가해야 하며, 이해도가 다를 경우 정확한 진단이 어려울 수 있음에 유념해야 한다.

디지털 역량 평가는 회사의 상황에 따라 표 3.2에서 제시한 방안 혹은 다른 대안을 선택할 수 있다.

역량 평가 수행 부록(259쪽)의 '디지털 트랜스포메이션 역량 측정 도구'를 참고해 내부 PMO를 중심으로 영역별 구성 항목에 대한 평가를 수행한다. 필요하다면 PMO 이외에도 현업 실무자가 추가로 참여할 수 있다. 평가는 5개 영역에서 총 100개 항목에 대해 실시한다.

역량 평가 결과 집계 PMO는 역량 평가 점수를 집계해 디지털 역량 수준 평가 결과 보고서를 작성한다. 이후 스폰서 임원에게 보고한다. 이 평가 결과는 향후 과제 도출 시 활용하도록 한다.

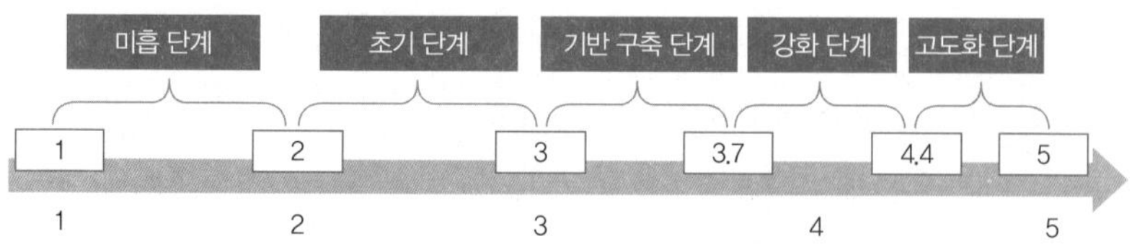

그림 3.3 디지털 트랜스포메이션 역량 단계 범위

디지털 트랜스포메이션의 역량 단계별 범위는 그림 3.3과 같다. 디지털 트랜스포메이션 역량 단계 정의는 전체 평점의 판단 기준이며, 5개의 디지털 역량은 영역별 평점의 판단 기준이 된다(표 3.4).

구분	주요 내용	
미흡 단계 (1~2미만)	단계 정의	디지털 혁신을 시작하지 않았거나 관심이 미흡한 단계
	디지털 비전과 리더십	경영진이 디지털 변화에 관심이 없고 이해도도 낮으며, 비전이나 목표가 없는 단계
	디지털 전략과제 추진	디지털 전략체계와 추진 실행력이 모두 미흡하고 준비가 안 된 단계
	디지털 혁신 영역	디지털 기술을 활용한 디지털 혁신의 방향성과 모델이 정립되지 않은 단계
	디지털 기술과 솔루션	디지털 기술과 솔루션에 대한 이해도가 매우 낮고, 활용성이 낮은 단계
	인적역량과 조직문화	디지털 관련 인재 육성 방안이 없고, 조직문화가 보수적이며 협업, 참여, 개방이 부족한 단계
초기 단계 (2~3미만)	단계 정의	과제를 탐색하고 디지털 혁신에 관심을 보이나 체계적인 계획이 미흡한 단계
	디지털 비전과 리더십	경영진이 디지털 변화에 관심과 이해도는 가졌으나, 비전과 목표의 완전한 공식화가 미흡한 단계
	디지털 전략과제 추진	전략과제에 대한 관심이 증가했으나, 과제가 체계화되지 못하고 실행 준비가 미흡한 단계
	디지털 혁신 영역	디지털 기술을 활용한 혁신의 방향과 모델 정의에 대한 논의가 시작되었으나, 구체화가 미흡한 단계
	디지털 기술과 솔루션	디지털 기술과 솔루션에 대한 이해도가 증가하며, 활용성에 대한 관심이 증가하는 단계
	인적역량과 조직문화	디지털 관련 인재 육성에 대한 인식은 있으나, 조직문화에 디지털 혁신을 위한 준비가 미흡한 단계
기반 구축 단계 (3~3.7 미만)	단계 정의	디지털 혁신에 대한 계획을 수립하고, 여러 시도를 하며 활동이 이루어지는 단계
	디지털 비전과 리더십	경영진의 디지털 변화 이해도가 높고, 비전과 목표가 명확하고 내재화되는 단계
	디지털 전략과제 추진	전략과제 및 우선순위가 체계화되고, 예산, 제도, 담당 등 실행체계가 준비되어 있는 단계

구분		주요 내용
기반 구축 단계 (3~3.7 미만)	디지털 혁신 영역	디지털 기술을 활용한 혁신의 방향과 모델이 구체화되고, 운영 효율성 혁신, 비즈니스 모델 혁신, 고객 경험 증대, 협업과 정보 관리 등에서 디지털 과제의 수행이 이루어지는 단계
	디지털 기술과 솔루션	조직 전반에 디지털 기술과 솔루션에 대한 이해도와 활용성이 높고, 과제에 따른 적용성이 높아지는 단계
	인적역량과 조직문화	디지털 관련 인재 영입 및 육성이 강화되고, 개방, 도전, 협업, 참여 등으로 조직문화의 변화를 추구하는 단계
강화 단계 (3.7~4.4 미만)	단계 정의	디지털 혁신과제에 대한 실행이 안정화되고, 특정 부분에서 성과가 가시화되는 단계
	디지털 비전과 리더십	경영진이 디지털 변화에 강력한 리더십을 발휘하고, 비전이 과제 수행을 통해 실현되는 단계
	디지털 전략과제 추진	전략과제가 우선순위에 따라 수행되고, 성과 평가 및 보상이 수반되는 단계
	디지털 혁신 영역	디지털 기술을 활용한 운영 효율성 혁신, 비즈니스 모델 혁신, 고객 경험 증대, 협업과 정보 관리 등에서 디지털 과제가 충실히 수행되고 성과가 가시화하는 단계
	디지털 기술과 솔루션	디지털 기술과 솔루션에 대한 이해도와 활용성이 높고, 학습과 경험 효과가 증대되어 노하우가 축적되는 단계
	인적역량과 조직문화	전 구성원의 디지털 역량이 강화되고, 개방, 도전, 협업, 참여 등으로 디지털 혁신의 문화가 조직에 내재화되는 단계
고도화 단계 (4.4~5)	단계 정의	높은 수준의 시장선도형 디지털 혁신이 이루어지고 성과 향상이 가속화되는 단계
	디지털 비전과 리더십	디지털 비전의 성과가 구체화되고, 보다 혁신적인 디지털 비전이 제시되는 단계
	디지털 전략과제 추진	디지털 전략이 연차별로 수행 · 업데이트되고, 과제의 성과 목표가 달성되는 단계
	디지털 혁신 영역	운영 효율성 혁신, 비즈니스 모델 혁신, 고객 경험 증대, 협업과 정보 관리 등에서 시장을 리드할 만한 도전적인 디지털 과제가 제시되고 고도화가 이루어지는 단계
	디지털 기술과 솔루션	디지털 기술과 솔루션에 대한 이해도와 활용성이 높고, 시장을 선도할 만한 새로운 디지털 기술과 솔루션을 시도하고 고도화가 이루어지는 단계
	인적역량과 조직문화	전 구성원의 디지털 역량이 업계 선도 수준이고, 디지털 혁신을 통해 생각, 행동, 일하는 방식, 성과 등이 고도화되는 단계

표 3.4 디지털 트랜스포메이션 역량 단계 정의

2단계: 목표 수립과 방향 설정

목표 수립과 방향 설정 단계에서는 디지털 역량 진단 결과와 방향성을 바탕으로 디지털 비전과 목표를 명확히 한다. 또한 이 단계에서는 전사 차원에서 디지털 혁신을 위한 공감대를 형성하려는 노력도 요구된다.

2단계의 주요 과업

2단계의 주요 과업은 비전 및 목표 설정, 전략 방향 설정, 리더십과 체제 구축, 조직 및 인력 확보와 육성 등이다. 이에 대해 간략히 설명해보기로 한다.

비전 및 목표 설정 경영진은 디지털 비전 및 목표를 명확하게 기술해 가시화해야 한다. 가급적 많은 디지털 비전 사례를 분석하고 자사의 비즈니스 현황과 방향, 디지털 역량 진단 결과 등을 고려해 디지털 비전 및 목표 기술서를 마련한다. PMO가 중심이 되어 초안을 작성하고, 디지털혁신위원회와 경영진의 검토를 거쳐 최종 확정한다.

OO회사의 디지털 비전과 목표 기술서(예)

첨단 디지털 기술을 바탕으로 지능형 제품 및 고객 맞춤형 제품을 개발해 시장을 개척한다. 신속한 개발과 고도화된 공정기술 역량으로 수요에 대한 적기 대응을 실행하고, 고객 만족 및 글로벌 경쟁력을 확보한다. 이를 통해 2025년에는 디지털 기반 신제품 매출 비중 30% 달성, 국내 시장점유율 50% 달성, 세계 시장 5개국 진출이라는 목표를 이룬다.

디지털 비전과 목표 기술서는 다양한 형태로 정리할 수 있으나, 몇 가지 기준에 의한 검토가 필요하다.

CHECK 디지털 비전과 목표 기술서 체크 포인트

- 디지털 비전에는 운영 효율성 제고, 비즈니스 모델 혁신, 고객 경험 증대를 어떻게 이룰 것인지에 관한 '가치'가 담겨야 한다.
- 전문 용어나 기술 용어가 아닌 쉬운 용어를 사용해야 한다.
- 생생하게 느낄 수 있도록 작성해야 한다.
- 공감할 수 있는 내용이어야 한다.
- 지향점이 명확해야 한다.
- 지나치게 일반적인 내용을 담거나 모호한 기술은 피해야 한다.

디지털 비전과 목표 기술서를 작성한 후에는 디지털 비전과 목표를 실현한 후 달라질 구체적인 모습을 그려보는 게 좋다. 어떤 모습으로 변해 있을지는 A4용지 한두 장 분량으로 기술한다. 또는 자사가 디지털 트랜스포메이션에 성공해 신문에 실리는 상상을 하면서 기사를 써 보는 것도 좋은 방법이다.

성장부품주식회사의 비전 달성 스토리(예)

2022년, 자동차 부품회사인 성장부품주식회사에는 활기가 넘친다. 작지만 강한 기업, 디지털로 무장한 혁신 기업으로 대내외 명성이 자자하기 때문이다. 매출은 연 30% 이상 급상승하고 있으며, 수출 물량도 작년 대비 3배 이상 늘었다. 작은 성공 경험이 쌓이면서 조직 구성원들의 자신감도 올라갔고, 이는 회사의 가장 큰 자산이 되었다. 이 과정에서 김혁신 대표는 강한 기업가 정신과 리더십을 한껏 보여줬다.

공장의 모습도 완전히 바뀌었다. 그동안 번 돈을 투자해 로봇 10대를 설치했다. 이로 인해 공정은 자동화가 이뤄졌고, 특정 공정은 대학 연구소와 협력해 로봇을 직접 제작하는 수준에 이르렀다. 로봇 등 각종 설비 대부분이 국산이며, 협력업체와 공동 개발하는 경우도 늘었다. 국산 제품을 사용하니 유지보수도 간편하고 비용도 절감하는 구조를 갖췄다.

설비 가동 현황은 스마트폰이나 태블릿 PC로 언제 어디서나 모니터링할 수 있다. 또한 각 공정에 모니터가 설치되어 한눈에 현황을 파악할 수 있고, 트랜잭션 처리도 효율화되었다. 나이가 많은 중장년층 작업자도 반복적인 교육으로 디지털 기기를 다루는 데 큰 어려움을 겪지 않는다.

생산성도 35% 이상 증가했다. 자재의 재고 현황을 한눈에 볼 수 있고, 재공이나 재고, 생산 능력CAPA을 반영한 생산 가능 수량을 자동 시뮬레이션할 수 있다. 이러한 과정을 통해 납기 가능 일자가 예측되고, 필요한 자재의 입·출고도 바코드로 자동 관리된다. 가장 중요한 요소 중 하나인 품질 관리는 작업자의 경험과 눈에 의존하던 방식에서 벗어나 머신러닝 기법에 기반을 둔 머신비전 도입을 통해 완벽하게 수행한다. 만약 품질 문제가 생기면 어느 단계에서 문제가 있었는지 추적할 수 있고 즉시 피드백된다.

처음에는 스마트팩토리 도입에 따른 성과가 미미하다고 생각했으나, 시간이 지나면서 효율화가 눈에 띄게 증대됐다. 자동화로 생산성을 높이고 품질을 개선하며, 데이터와 시스템에 의한 관리 체계를 만든 것이다.

원가 면에서도 혁신이 이뤄졌다. 제품별·공정별 실제 원가를 산정하고 표준 원가와 비교해 원가 관리 포인트를 도출했다. 원청 회사의 납품 단가 등 품질 수준을 둘러싼 고민도 많았으나, 이제는 자동화에 따른 생산성 향상으로 품질도 높아졌고 원가 경쟁력도 갖췄다. 납품 단가를 맞추면서 고품질의 제품 생산과 납기 준수로 고객 만족도도 올라갔다.

인력 부분에서도 많은 변화가 나타났다. 과거에는 강소기업, 월드 클래스 300 등 외부 인증을 통해 회사의 경쟁력을 인정받아도 유능한 인재를 채용하기가 어려웠다. 하지만 디지털 강소기업으로 널리 알려지면서 많은 사람의 관심을 받다 보니 젊은 인재들이 자연스럽게 몰렸다. 내부 인력 육성에도 많은 노력을 기울였다. 디지털 트랜스포메이션에 대한 학습을 꾸준히 진행하고 독서토론을 통해 관련 지식을 쌓았다. 외부 강사를 초빙해 새로운 디지털 트렌드에 대한 강의를 듣고 훌륭한 경영 혁신 사례를 가진 우수 기업을 탐방하며 혁신을 위한 노력과 성과를 내는 방법도 배웠다.

특히 디지털 트랜스포메이션 과제에 모든 조직 구성원이 참여하면서 많은 노하우를 축적했다. 작은 성공 경험이 반복해서 쌓이자 '우리도 할 수 있다'라는 자신감이 넘치기 시작했다. 이 과정을 거치면서 토론하고, 학습하고, 도전하고, 협력하는 조직문화가 자리 잡기 시작했다. 또한 성과를 나누는 성과공유제의 실시로 구성원 만족도도 올라갔다.

김혁신 대표는 공장 한쪽에 연구개발 공간을 마련해 새로운 도전을 계속하고 있다. 센서 내장형 신제품 및 지능형 제어 솔루션 개발 고도화에 박차를 가하는 한편, 3D 모델링 툴과 프린터를 도입해 시제품을 만들고 있다. 부족한 전문 지식은 근처 대학교 산학협력단과 교류를 맺어 교수진의 도움을 받는다. 2건의 정부 지원 과제를 수주해 대학 연구소와 공동으로 진행하는 한편, 인공지능과 빅데이터 분석을 위한 컴퓨팅 환경은 정부의 인공지능 허브를 통해 지원받는다. 연구 중인 과제 1건은 벤처 캐피털로부터 자금 투자를 받아 진행하고 있다. 이러한 노력을 지켜본 대기업도 상생 협력 차원에서 적극 나섰다. 인력을 파견해 기술 개발을 지원하겠다는 의사를 밝힌 것이다.

최근 김혁신 대표가 가장 관심을 두는 부분은 해외 사업의 활성화 및 성장이다. 수출 물량이 늘어난 것을 볼 때, 최근 1년간 진행된 해외 사업은 물꼬가

트일 조짐이 보인다. 이미 베트남 공장이 가동 중이지만, 조만간 국내로 공장을 이전할 계획이다. 스마트팩토리 구축에 따라 생산성도 높아졌고, 정부의 파격적인 세제 혜택도 있어서 국내로 돌아오는 편이 더 낫겠다고 판단했기 때문이다. 이렇게 되면 국내 고용도 늘릴 수 있어서 일석이조가 된다.

해외 사업을 위해 그동안 방치했던 홈페이지를 글로벌용으로 재편하고, 다국어 버전으로 다양한 홍보물을 제작했다. 내년에 출시할 신제품을 해외 우수 박람회에 출품하는 것과 동시에 마케팅도 가속화할 예정이다. 외국어에 강점이 있는 인재도 채용하기 시작했다. 조만간 세계 무대에서 회사의 제품과 브랜드 가치가 높아질 것이며, 바이어들도 찾기 시작할 것으로 기대하고 있다.

최근에는 많은 기업에서 벤치마킹을 위해 성장부품주식회사를 방문한다. 이들은 회사가 어떻게 디지털 트랜스포메이션을 시작했고, 또 성공할 수 있었는지에 대해 관심을 보인다. 이 모습을 지켜본 구성원들의 자부심 또한 남다르다. 자신들이 하나가 되어 이뤄낸 성과이기 때문이다.

그러나 여기가 끝이 아니다. 김혁신 대표는 시장에서 놀랄만큼 혁신적인 제품을 만들어서 국내 시장은 물론, 세계 무대에서도 당당히 경쟁하며 초우량 디지털 제조기업으로 발돋움해 위상을 떨치고자 한다.

전략 방향 설정 비전과 목표를 수립한 후에는 전략 방향을 명확히 설정해야 한다. 세부적인 부분은 영역과 업무 프로세스 분석에 따라 구체화되기 때문에, 상위 레벨에서는 포괄적인 전략을 세워야 한다. 전략 방향 설정은 디지털 기술 접목과도 연결된다. 작업 결과에 따라 전략 방향이 수정될 가능성도 있다. 다만, 전략 방향은 디지털 비전과 목표, 비즈니스 현황, 사업 방향, 디지털 혁신 역량 진단 결과 등을 반영해야 하고, 특히 비전 및 목표와 연계해 정리할 필요가 있다. 거시적인 전략 방향은 대부분 3~5가지로

전략 방향성1	전략 방향성2	전략 방향성3	전략 방향성4
디지털 기술 기반 지능형, 고객 맞춤형 제품 개발 선도	공정 자동화 및 최적화를 통한 제조 역량 및 품질 강화	프로세스 표준화 및 최적화를 통한 생산성 향상	글로벌 사업 기반 확대 및 운영 효율화

그림 3.5 디지털 전략 방향성(예)

정리된다.

디지털 트랜스포메이션의 가치 지향점은 운영 효율성 제고, 비즈니스 모델 혁신, 고객 경험 증대 등 세 가지 관점에서 디지털 비전으로 만들어진다. 따라서 디지털 전략 방향에도 이러한 지향점을 반영해야 한다. 디지털 인적역량 강화 및 조직문화 혁신을 위한 전략 방향도 추가로 고려할 수 있다. 여러 가지 가치 지향점 중에서 자사에 더 중요한 요인이 있다면, 이를 전략적으로 부각하는 편이 좋다(그림 3.5).

리더십과 관리운영 체제 구축 디지털 트랜스포메이션에서 리더십과 관리운영 체제 구축은 매우 중요한 요소다. 디지털 리더십은 기존 리더십과는 또 다른 차원의 역량이 요구된다. 먼저, 디지털 기술과 비즈니스에 관한 이해가 필요하다. 즉 디지털 기술과 솔루션을 비즈니스와 접목하는 방법에 대한 통찰을 디지털 비전에 담아내야 한다. 또한 디지털 인재를 발굴하고 육성하는 역량도 요구된다. 필요 시 외부의 유능한 디지털 인재를 적극 영입하는 동시에, 디지털 인재상을 마련해 전 구성원을 디지털 인재로 육성하기 위한 비전과 전략을 제시해야 한다. 도전하고 시도할 수 있는 조직문화를 만들기 위한 노력과 과감한 예산 책정도 뒤따라야 한다.

조직문화는 단기간에 바꾸기 어렵다. 그러나 지속적으로 노력하면서 디지털 혁신에 걸맞게 변화시켜야 한다. 이는 톱다운 방식을 통해 경영진에서 관리자급에게, 다시 현업 담당자에게까지 확산돼야 한다.

CHECK 디지털 리더십 역량 체크 포인트

- 디지털 기술과 비즈니스에 대한 이해도
- 디지털 기술 및 솔루션과 비즈니스의 접목을 위한 통찰력
- 디지털 비전 창출력
- 디지털 인재상 정의
- 디지털 인재 발굴 및 육성
- 디지털 혁신에 걸맞은 조직문화 변혁

한편으로 디지털 관리운영 체제를 구축할 필요도 있다. 여기에는 디지털 트랜스포메이션을 위한 원칙, 정책, 추진 방안, 프로세스, 평가 체계 등에 대한 가이드라인을 설정하고 의사결정을 통한 실행까지 포함된다.

디지털 관리운영 체제는 디지털혁신위원회에서 운영하며, 조직별 역할 분담, 규정 및 정책의 제정과 개정, 인력 선발 기준 확립, 평가 기준 설정 및 실행 등이 추진되어야 한다. 특히 중요한 의사결정을 위한 안건을 도출하고 토론하는 과정을 거쳐 최종방향성을 제시해야 한다.

조직 재편 및 인력 확보와 육성 디지털 트랜스포메이션 과정에서 기존 조직을 개편할 수도 있다. 일이란 조직과 사람에 의해 수행되므로, 디지털 비전과 목표 및 전략 방향에 맞게 조직 개편이 필요하기 때문이다. 이때 조직의 명칭을 변경하는 것은 물론, 기존 조직을 디지털 혁신 방향에 맞게 재편하거나 조직을 신설하기도 한다.

예를 들면, 디지털 트랜스포메이션을 추진할 조직, 디지털 기술을 테스

트하고 적용할 조직, 새로운 비즈니스 모델을 시도할 이노베이션 랩 또는 디지털 랩 등을 신설하는 것이다. 반면, 디지털 혁신에 부합하지 않는 부서나 인력에 대해서는 과감한 재편이 필요하다.

인력 확보와 육성을 위한 노력도 동시에 진행해야 한다. 디지털 혁신을 추진할 최고디지털임원을 외부에서 영입하거나, 디지털 혁신 경험이 많은 외부 실무 인력을 채용하는 것도 고려할 수 있다.

디지털 혁신을 위한 전사 차원의 공감대 형성 디지털 혁신을 위한 비전과 목표를 전파하고, 이에 대한 조직 구성원의 공감대를 형성해야 한다. 월례 조회 시 중요한 메시지를 전달하는 것 정도에 그쳐서는 안 된다. 경영진은 디지털 혁신을 위한 메시지를 전달하기 위해 끊임없이 노력해야 한다. 중요한 메시지는 내부 회의나 홍보 채널, 워크숍 등 다양한 수단을 통해 지속적이고 일관성 있게 전달하는 것이 바람직하다. 조직 구성원의 언어 속에 디지털 혁신을 위한 메시지가 자연스럽게 녹아들 때까지 반복적인 노력이 필요하다.

3단계: 디지털 혁신과제 도출 및 우선순위 결정

디지털 혁신과제 도출 및 우선순위 결정 단계에서는 영역과 프로세스별 혁신 기회를 도출해 기회를 검증하고 과제화한다. 이 과정에서 가장 중요한 과업인 과제 도출과 우선순위 결정에는 PMO뿐만 아니라 현업 담당자로 구성된 태스크포스 팀TFT의 적극적인 참여가 필요하다.

3단계의 주요 과업

3단계의 주요 과업은 과제 도출 프로그램 진행, 혁신 과제 리스트 작성, 혁신 과제 정의서 작성 등이다.

본 과업 진행에 앞서 과제 도출 계획을 수립할 영역별 팀을 구성할 필요가 있다. 영역은 크게 운영 효율성, 비즈니스 모델, 고객 경험, 협업과 정보 관리 등으로 나눌 수 있다(표 3.6). 단, 팀의 구성은 과제 도출이 요구되는 영역에 따라 기업별로 각기 달라질 수 있다.

구분	운영 효율성	비즈니스 모델	고객 경험	협업과 정보 관리
초점	1. 전사 프로세스적 관점에서의 표준화·통합화 2. 차별화를 통한 경쟁력이 필요한 특정 프로세스를 고도화(공급망 최적화, 스마트팩토리 구축) 3. 디지털 기술을 이용해 사람이 하던 프로세스를 대체(무인화) 4. 기존의 정형적이고 반복적인 업무 프로세스의 자동화	1. 신규 디지털 비즈니스 모델 개발 2. 기존 제품, 서비스에 디지털 기술 접목 3. 디지털 기술에 기반한 신제품, 신기술 개발 4. 디지털 채널을 통해 가치전달 방식의 변화	1. 고객 데이터 통합으로 고객에 대한 통합적 관점 구축 2. 캠페인 및 홍보, 추천 등 디지털 마케팅 3. 온라인, 오프라인 통합·연계 4. 디지털 고객 경험 증대	1. 협업 2. 정보 통합 관리 3. 지식 관리
참여자	PMO, 생산, 구매, 자재·재고, 품질, 재무, 인사, 관리회계, 산업특성(고유) 관련 프로세스 담당, 디지털 기술 담당 등	PMO, 기획, 마케팅, 제품개발 등	PMO, 마케팅, 영업, 고객지원, 디지털 기술 담당 등	PMO, 디지털 기술 담당, 현업 담당 일부 등
방법	해커톤, 디자인 씽킹, 프로세스 이노베이션(프로세스 분석)	비즈니스 모델 캔버스, 디자인 씽킹, 해커톤 등	해커톤, 디자인 씽킹, 고객여정 맵	해커톤, 솔루션 기능 분석
대상	고유 업무 프로세스 공통 업무 프로세스	비즈니스 모델	고객	내부 구성원

표 3.6 도출 과제 영역별 추진 계획 수립의 관점

과제 도출 프로그램 진행 영역별로 태스크포스 팀을 구성한 뒤, 개선 기회를 찾고 과제를 도출한다. 이는 궁극적으로 디지털 혁신과제로 정리되어야 하며, 처음에는 디지털 기술과 솔루션의 적용보다는 업무의 개선 기회를 발굴하는 관점으로 접근하는 것이 필요하다.

주제는 언급한 바와 같이 4개 영역으로 정하거나 더하고 뺄 수 있다. 이해관계자들은 반드시 참여해야 하며, 필요 시 고객이나 공급사 등 외부 인력도 참여할 수 있다. 워크숍은 비즈니스 모델 캔버스, 해커톤, 디자인 씽킹, 고객여정 맵 등 다양한 방법론을 활용하되, 지나치게 복잡하지 않은 방법을 취지에 맞춰 선택한다. 워크숍 수행 후 결과를 정리해 디지털혁신위원회에 보고한다(그림 3.7).

PMO는 참여자들과 협의해 워크숍 일정, 장소, 대상, 안건 등을 미리 정리하고 계획을 수립한 후 공지한다. 영역별로 적정한 인력이 참여할 수 있도록 구성하며 참여자들의 집중도를 높이기 위해서는 사내가 아닌 공간을 활용할 수도 있다.

운영 효율성 제고 영역은 프로세스 전 범위를 포괄하므로 가장 많은 인력이 참여해야 한다. 이 부분은 사업 고유의 프로세스와 공통 프로세스를 나누어 진행하되, 프로세스 단위별로 해당 업무 담당자가 참여할 수 있도록 한다. 워크숍 수행 전에는 사례집, 설명 문서 등 관련 자료나 템플릿을

그림 3.7 개선 기회 발굴을 통한 과제 도출

배포해 사전 학습이 이뤄지도록 한다. 특히, 디지털 트랜스포메이션의 역량 진단 결과를 공유하고 방향성을 정한 다음 워크숍을 진행하는 것이 바람직하다.

이를 통해 과제를 1차로 정리한다. 그러나 이 과제들을 모두 동시에 추진할 수는 없기 때문에 우선순위를 정해야 한다. 일반적으로 과제의 우선순위를 평가할 때는 전략적 중요도와 실행 용이성의 두 가지 측면에서 여섯 가지 기준을 고려한다(표 3.8).

전략적 중요도 및 실행의 용이성 측면에서 각 과제를 평가해 점수를 집계한다. 평가 기준은 총 6개이고, 각 5점 만점이다. 각 과제는 전략적 중요도와 실행의 용이성 측면에서 각 기준의 평균 점수를 계산해 집계하게 된다. 과제별 총점은 전략적 중요도의 평균 점수와 실행의 용이성 평균 점수를 합해 산출한다. 점수가 클수록 우선순위가 높은 과제라고 할 수 있다(표 3.9).

한편, 과제별 특성은 우선순위 매트릭스 분석을 활용해 알아보는 것이 효과적이다. 이때, 전략적 중요도와 실행의 용이성을 기준으로 두 축을 가

구분	기준	비중	내용
전략적 중요도 (50%)	성과 향상 기여도	20%	과제가 성과 향상에 얼마나 기여할 수 있는가?
	효과의 크기	15%	과제의 파급 효과는 얼마나 큰가?
	시급성	15%	얼마나 시급한 과제인가?
실행의 용이성 (50%)	투자 용이성	20%	자원의 투자에 대한 의사결정이 쉬운가?
	효과 발생 용이성	20%	효과가 쉽게 가시화될 수 있는가?
	관리 용이성	10%	실행 과정의 관리가 쉬운가?

표 3.8 과제 우선순위 평가 기준

구분	전략적 중요도				실행의 용이성				총점
	성과 향상 기여도	효과의 크기	시급성	점수	투자 용이성	효과 발생 용이성	관리 용이성	점수	
1. 센서 내장형 신제품 개발	4	4	4	4.0	2	4	2	2.8	6.8
2. 지능형 자동제어 솔루션 개발	5	4	3	4.1	2	3	2	2.4	6.5
3. 시제품 개발용 3D 모델링	4	4	3	3.7	4	4	3	3.8	7.5
4. ERP 고도화(업그레이드)	3	3	2	2.7	3	3	3	3.0	5.7
5. 고객 맞춤형 주문 시스템 구축	3	4	4	3.6	4	4	3	3.8	7.4
6. 스마트팩토리 구축(1단계)	4	4	4	4.0	3	3	3	3.0	7.0
7. 머신 비전 기반 품질관리	4	4	3	3.7	2	4	3	3.0	6.7
8. 바코드 시스템 구축	4	4	3	3.7	4	4	3	3.8	7.5
9. 글로벌 홈페이지 구축	3	3	4	3.3	4	4	4	4.0	7.3
10. 고객 클레임 관리 시스템 구축	4	4	5	4.3	4	4	4	4.0	8.3
11. 클라우드형 그룹웨어 구축	3	3	2	2.7	4	3	4	3.6	6.3

표 3.9 과제 우선순위 평가 템플릿 활용(예)

진 매트릭스를 구성한다. 매트릭스의 4개 분면 위에는 표 3.9에서 집계된 과제들에 대해 전략적 중요도와 실행의 용이성 점수를 기준으로 표시한다(그림 3.10).

혁신과제 리스트 작성 최종적으로 도출된 과제는 리스트로 정리한다. 일단 우선순위 포지셔닝 기준으로 정의한 과제 유형과 내용을 작성할 수 있도록 한다(표 3.11). 그 후 4개 영역 구분별 혁신과제 리스트를 분류해 기술한다. 각 영역을 구분해 혁신과제별로 과제 유형을 선택하고 관련 내용을 기술한다(표 3.12).

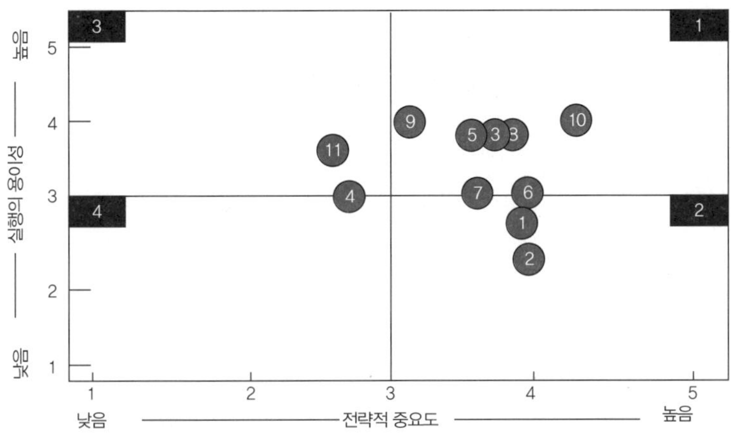

그림 3.10 과제 우선순위 평가 매트릭스 분석

기준	유형	내용
1. 단기 실행 과제	QW	자원 투입 용이하고 전략적 중요도가 높은 단기 과제
2. 중장기 실행 과제	SI	자원 투입의 부담으로 중장기적인 수행이 필요한 과제
3. 선택 과제	NH	하면 좋으나 반드시 해야 할 필요는 없는 선택적 과제
4. 배제 과제	LN	배제해야 하는 과제

표 3.11 우선순위 포지셔닝 기준

영역 구분	혁신과제 리스트	과제 유형	내용
운영 효율성	과제1. 시제품 개발용 3D 모델링	QW	시제품 개발 기간 단축
	과제2. ERP 고도화(업그레이드)	NH	기존 ERP 업그레이드
	과제3. 고객 맞춤형 주문 시스템 구축	QW	고객 주문 사양에 따른 주문 처리
	과제4. 스마트팩토리 구축(1단계)	QW	2019년 1단계, 2021년 2단계 고도화
	과제5. 머신 비전 기반 품질관리	QW	인공지능을 활용한 이미지 기반 품질분석
	과제6. 바코드 시스템 도입	QW	입출고 및 재고 관리
비즈니스 모델	과제1. 센서 내장형 신제품 개발	SI	기존 제품에 센서 내장, 빅데이터 수집, 서비스 비즈니스 모델 개발
	과제2. 지능형 자동 제어 솔루션 개발	SI	인공지능(머신러닝)기반 신제품 개발
고객 접점 효율화	과제1. 글로벌 홈페이지 구축	QW	다국어 지원 홈페이지 구축
	과제2. 고객 클레임 관리 시스템 구축	SI	고객 클레임 처리 및 분석
협업, 정보 관리	과제1. 클라우드형 그룹웨어 구축	QW	협업, 결재, 문서 관리, 게시판 등

표 3.12 혁신과제 정리(예)

혁신과제 정의서 작성 최종 도출된 과제에 대해서는 과제 정의서를 작성한다. 과제정의서는 '과제를 구체적으로 어떻게 실시할 것인가'를 일목요연하게 정리한 것이다. 과제명, 과제 정의, 영역 구분, 과제 책임자, 추진 배경, 과업 목표, 주요 과업과 이에 관련한 디지털 기술과 솔루션, 기대효과 등을 포함해야 한다(표 3.13).

과제명	스마트팩토리 구축(1단계, 2단계 구분 추진)	과제 코드	0-4
과제 정의	생산공정의 효율화와 최적화를 위한 공정관리 자동화 및 데이터 분석 기반을 마련할 수 있는 스마트팩토리 구축	과제 책임자	공장장
영역 구분	■ 운영효율성 □ 비즈니스 모델 □ 고객경험 □ 협업,공유 □ 기타	과제 스폰서	대표이사

추진 배경	주요 과업
▪ 수작업 과다, 생산기준정보 관리, 생산계획 및 통제가 엑셀로 진행 ▪ 제품별 생산진행 파악문제로 인한 납기관리 문제 ▪ 공정불량률 과다발생으로 인한 고객대응에 애로사항 발생 ▪ 현장의 생산 및 품질상황 파악이 제대로 안되어 고객 대응 미흡	▪ 생산계획 수립, 작업지시, 작업실적 실시간 등록 ▪ 공정진행 실시간 모니터링 (현장 및 사무실 모니터, 스마트폰 조회) ▪ 설비수리 이력관리, 검사성적서관리, 검사기기 관리, 검사원 자격관리, 품질보증 문서관리 ▪ 설비이력관리, 수리이력관리, 금형이력관리 ▪ 터치패드 방식의 키오스크 활용 ▪ 로봇 30대 도입 (2~3단계에 추진)
과업 목표	
▪ 1단계: 생산 이력 추적 관리 – 기초적인 ICT를 활용해 생산 일부 분야의 정보를 수집 · 활용하고, 인프라 활용 등을 통해 최소 비용으로 정보시스템을 구축하는 수준 달성 ▪ 2단계: 실시간 집계 · 분석 활용한 의사 결정 – 설비 정보를 최대한 자동으로 획득하고, 고신뢰성 정보공유 및 기업 운영의 자동화를 지향하는 수준 달성	
디지털 기술 · 솔루션	**기대효과**
▪ 스마트팩토리 솔루션(MES, 기타 자동화 솔루션) ▪ 향후 빅데이터, 인공지능 기반 공정관리, 자동화, 머신비전 등으로 확대	▪ 제조 현장에서 실시간으로 공정 관리, 품질 관리, 설비 관리를 비롯한 제반의 데이터 집계 및 제어 자동화 ▪ 수작업 감소, 생산성 향상, 생산공정 효율화, 불량율 감소
전제조건/고려사항	**관련 조직**
▪ 단계적 접근(1,2차 구분 진행) ▪ 정부지원 자금 확보(50% 지원)	▪ 생산, 품질 ▪ 디지털 혁신 PMO

그림 3.13 혁신 과제 정의서(예)

4단계: 과제 추진 일정 계획 설계

4단계의 주요 과업은 과제별 세부 계획 및 예산 산정, 과제별 추진 일정 수립, 과제별 성과 목표 및 지표 설정, 성공 요소와 고려사항 정의 등이다.

과제 도출과 우선순위가 확정되면, 과제에 대한 세부 추진 계획을 세우고 적절한 예산을 산정한다. 예산은 컨설팅사나 구축사로부터 가견적을 받거나 시장조사를 통해 추정된 금액으로 수립한다(표 3.14).

또한, 과제별 우선순위 평가 결과 및 과제 간 연계성 등을 고려해 과제별

프로젝트		구현 기간 (M)	투입 (MM)	예산(백만)				기대효과(백만, MM)		비고
				인건비 ①	H/W ②	S/W ③	총예산 ①+②+③	재무 효과 (5년)	업무 개선	
B-1	1. 센서 내장형 신제품 개발	12	60	–	100	50	150	10,000	신규 비즈니스	산학협력
B-2	2. 지능형 자동 제어 솔루션 개발	12	60	–	200	50	250	30,000	신규 비즈니스	정책자금
O-1	3. 시제품 개발용 3D 모델링	3	9	45	20	10	75	1,000	생산성 향상, 비용 절감	
O-2	4. ERP 고도화 (업그레이드)	4	24	120	–	10	130	500	생산성 향상, 비용 절감	기존환경
O-3	5. 고객 맞춤형 주문 시스템 구축	3	9	45	30		75	50	주문 처리 효율성 제고	오픈소스
O-4	6. 스마트팩토리 구축(1단계)	6	36	180	50	30	360	500	공정 자동화, 생산성 향상	정책자금 (50%)
O-5	7. 머신 비전 기반 품질관리	3	9	90	100	30	220	1,000	품질관리 효율화	클라우드
O-6	8. 바코드 시스템 구축	3	9	45	50	10	105	150	생산성 향상, 재고 최적화	
C-7	9. 글로벌 홈페이지 구축	2	4	20	–	10	30	50	글로벌 홍보	HW기존
C-2	10. 고객 클레임 관리 시스템 구축	3	6	30	–	30	60	50	고객 만족, 클레임DB	클라우드
S-1	11. 클라우드형 그룹웨어 구축	2	2	10	–	–	10		협업, 생산성	월 30만 원

표 3.14 과제별 예산 집계표(예)

<table>
<tr><th colspan="4">2019(Phase I)</th><th colspan="4">2020(Phase II)</th><th colspan="4">2021(Phase III)</th></tr>
<tr><th>영역</th><th>Q2</th><th>Q3</th><th>Q4</th><th>Q1</th><th>Q2</th><th>Q3</th><th>Q4</th><th>Q1</th><th>Q2</th><th>Q3</th><th>Q4</th></tr>
<tr><td>운영 효율성</td><td></td><td>시제품 개발용 3D모델링</td><td></td><td></td><td></td><td></td><td></td><td></td><td></td><td></td><td></td></tr>
<tr><td>운영 효율성</td><td></td><td></td><td></td><td></td><td></td><td>ERP 고도화 (업그레이드)</td><td></td><td></td><td></td><td></td><td></td></tr>
<tr><td>운영 효율성</td><td></td><td>고객맞춤형 주문시스템구축</td><td></td><td></td><td></td><td></td><td></td><td></td><td></td><td></td><td></td></tr>
<tr><td>운영 효율성</td><td></td><td></td><td colspan="2">스마트팩토리 구축(1단계)</td><td></td><td></td><td colspan="2">스마트팩토리 구축(2단계)</td><td></td><td></td><td></td></tr>
<tr><td>운영 효율성</td><td></td><td></td><td></td><td></td><td></td><td></td><td></td><td colspan="2">머신비전기반 품질관리</td><td></td><td></td></tr>
<tr><td>운영 효율성</td><td></td><td></td><td>바코드 시스템 구축</td><td></td><td></td><td></td><td></td><td></td><td></td><td></td><td></td></tr>
<tr><td>비즈니스 모델 혁신</td><td></td><td></td><td></td><td></td><td colspan="5">센서내장형 신제품 개발</td><td></td><td></td></tr>
<tr><td>비즈니스 모델 혁신</td><td></td><td></td><td></td><td></td><td></td><td colspan="5">지능형 자동제어 솔루션 개발</td><td></td></tr>
<tr><td>고객접점 효율화</td><td></td><td>글로벌 홈페이지 구축</td><td></td><td></td><td></td><td></td><td></td><td></td><td></td><td></td><td></td></tr>
<tr><td>고객접점 효율화</td><td>고객클레임관리 시스템 구축</td><td></td><td></td><td></td><td></td><td></td><td></td><td></td><td></td><td></td><td></td></tr>
<tr><td>협업, 정보관리</td><td></td><td></td><td></td><td></td><td></td><td></td><td>클라우드형 그룹웨어 구축</td><td></td><td></td><td></td><td></td></tr>
</table>

표 3.15 과제별 추진 일정 계획(예)

추진 일정 계획을 수립해야 한다. 이때 과제별 성과지표도 설정할 필요가 있다(표 3.15).

5단계: 과제 실행 및 고도화

5단계의 주요 과업은 우선순위에 따른 실행 준비, 프로젝트를 통한 과제 실행, 모니터링 및 결과 피드백, 성과 창출 및 고도화 등이다.

과제 추진 일정 계획 등 마스터플랜이 완성되면, 일정에 따라 실행한다. 각 과제는 반드시 1~2개월 정도 사전 준비 작업을 거쳐 전체 과업 범위,

솔루션 모델, 투입 예산, 기대 효과 등을 정리해야 한다. 무엇보다도 위험 요인을 도출해 대안을 마련해야 한다. 사전 작업이 끝나면, 제안요청서를 작성해 외부에 프로젝트를 발주한다.

물론 과제에 따라 자체적으로 수행할 수도 있다. 다만, 대부분의 디지털 트랜스포메이션 과제는 외부 컨설팅사나 구축사의 도움을 받아야 할 것이다. 이 경우 필요한 범위 내에서 어떻게 하면 적절한 비용으로 최적의 파트너를 선정해 프로젝트를 수행할 수 있을지 고민해야 한다. 각 지역 혁신지원기관과 협업하거나 정부 지원을 적극 활용해도 좋다. 정부 지원을 받는 경우, 지원 규모가 크지 않기 때문에 자체적으로 수립한 계획이 반영되도록 잘 연계해야 성공할 수 있다.

프로젝트 계획을 수립해 승인받은 후에는 프로젝트를 수행하면서 모니터링한다. 이 과정에는 해당 프로젝트의 디지털 트랜스포메이션 사전 작업을 담당한 PMO가 참여하는 것이 바람직하다. 개별 프로젝트는 규모에 따라 3개월~1년 정도 소요된다. 그러나 전체 디지털 트랜스포메이션은 3~5년에 걸쳐 이뤄지는 장기적인 과업이므로, 안정적이고 일관성 있게 프로젝트를 추진해야 함을 염두에 둬야 한다.

이렇듯 디지털 트랜스포메이션은 일회성이 아닌 지속적인 과정이므로, 향후 구축된 시스템을 활용한 고도화가 필요하다. 특히 중소기업의 경우, 디지털 기술과 솔루션을 도입했으나 활용이나 운영을 제대로 하지 못해 실패하는 경우가 많다. 이는 프로젝트 진행 과정을 전적으로 외부에 의존하는 것에서 기인하기도 한다. 외부 컨설팅 업체나 솔루션 구축사가 다 해줄 것이라 믿고 구성원들이 그저 방관하거나 안일하게 대처할 경우 필요로 하는 솔루션 도입이나 디지털 혁신 추진에 실패할 가능성이 매우 크다.

또한 프로젝트가 성공적으로 진행되고 이후 안정적으로 운영되려면 프로젝트 기간 중 조직 구성원을 대상으로 디지털 기술 및 솔루션에 대한 충분한 교육 훈련과 학습 기회를 제공해야 한다. 실제 운영은 내부 직원이 지속적으로 해야 하기 때문이다.

'혁신'은 바로 '우리'가 주인의식을 갖고 추진할 때 비로소 성과로 이어질 수 있음을 명심해야 한다.

• CHAPTER 02 •

디지털 트랜스포메이션을 위한 도구들

디지털 트랜스포메이션 과제 도출 및 구조화를 위해 가장 많이 사용하는 도구에는 비즈니스 모델 캔버스Business Model Canvas, 이노베이션 랩Innovation Lab, 디지털 트랜스포메이션 워크숍DT Workshop, 고객여정 맵Customer Journey Map 디자인 씽킹Design Thinking, 해커톤Hackathon, 정보 전략 계획Information Strategy Planning등이 있다. 이 방법들 중 한 가지 혹은 몇 가지를 결합해 활용한다.

디지털 트랜스포메이션 과제 도출 및 구조화를 위한 도구

비즈니스 모델 캔버스 비즈니스 모델이란 '하나의 조직이 어떻게 가치를 포착하고 창조한 후 전파하는지 논리적으로 설명한 것'이다. 즉 어떤 제품이나 서비스를 누구에게 어떤 방식으로 판매할지 결정하고, 그 과정에서

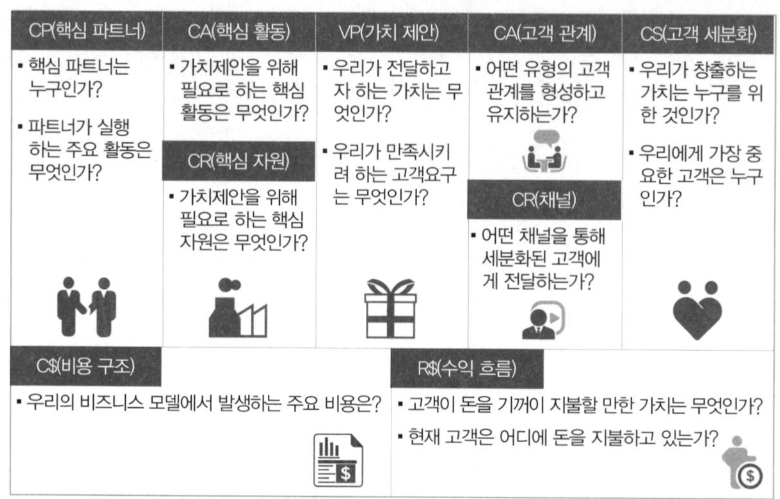

그림 3.16 비즈니스 모델 캔버스

어느 정도의 수익을 낼 수 있는지 설계하는 것을 말한다. 비즈니스 모델 캔버스는 비즈니스 모델을 한 장의 종이에 표현한 것으로 ①핵심 파트너, ②핵심 활동, ③가치 제안, ④고객 관계, ⑤고객 세분화, ⑥핵심 자원, ⑦채널, ⑧비용 구조, ⑨수익 흐름 등을 포함한다. 디지털 혁신과제 도출을 위한 신규 비즈니스 발굴 과정에서 비즈니스 모델을 검증할 때 활용하기를 권한다(그림 3.16).

이노베이션 랩 이노베이션 랩은 혁신적인 아이디어를 발굴하고 빠르게 테스트하는 전담 조직으로, 새로운 제품이나 서비스를 위해 가동할 수 있다. 이노베이션 랩은 오픈 이노베이션에 기반을 두고 유관 파트너 혹은 전문가 그룹이나 고객 등과 긴밀하게 협업한다. 따라서 이노베이션 랩은 디지털 기술과 솔루션을 활용한 혁신 아이디어, 신규 비즈니스 모델 아이디어 등을 모아 빠르게 테스트하고 검증할 때 유용하다(그림 3.17).

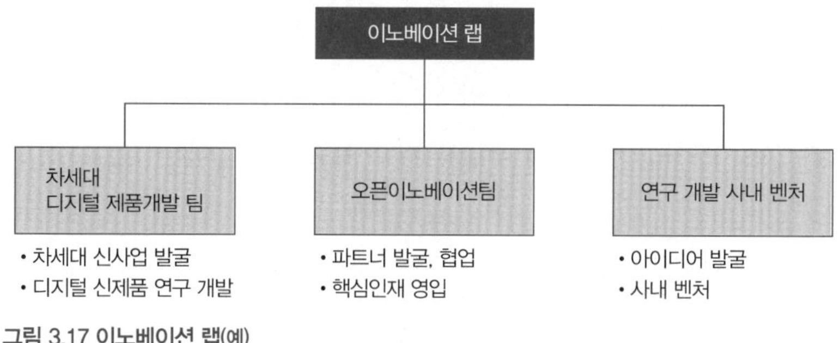

그림 3.17 이노베이션 랩(예)

디지털 트랜스포메이션 워크숍 디지털 트랜스포메이션 워크숍은 전체 가치사슬이나 프로세스를 펼쳐놓고, 관련 이해관계자가 모여 개선점이나 새로운 기회를 발굴해 디지털 접목 과제를 도출하는 워크숍이다. 전문 코디네이터가 필요할 수 있으나, 디지털 기술과 솔루션에 관한 이해 및 업무 프로세스 경험과 지식이 많은 인력이 있다면 자체적으로도 수행할 수 있다. 가치사슬이나 프로세스 영역별로 수행해도 좋고, 원데이 워크숍을 통해 결과를 정리해 과제 풀을 만들어 검토해도 좋다(표 3.18).

구분	1팀	2팀	3팀
	주문접수~수금 프로세스	구매~지급 프로세스	연구개발 프로세스
오전	○ 현행 프로세스 검토 ○ 이슈 및 개선사항 발굴		
오후	○ 디지털 기술, 솔루션 적용 가능성 검토 ○ 적용 가능한 솔루션 정리 ○ 도입 후 변화상과 기대효과 정리		
저녁	○ 발표 및 피드백		

* 현행 프로세스 맵 사전 준비 필요

표 3.18 디지털 트랜스포메이션 워크숍(예)

고객여정 맵 고객여정 맵은 사용자가 서비스를 접하기 시작한 시점부터 서비스가 끝나는 과정까지, 그 사이에서 겪는 경험을 순차적으로 나열하고 시각화해 사용자 경험을 한눈에 조망할 수 있도록 한 것이다(그림 3.19). 고객여정 맵을 활용하면 서비스 사용자 경험을 총체적으로 조망하고 터치 포인트를 파악할 수 있다. 또한 특정 상황과 연관된 사람, 자원, 조직에 관한 효과적인 서비스가 무엇인지도 알 수 있다(그림 3.20).

고객여정 맵을 그려보면 조직 구성원은 고객 관점에서 기존 서비스 환경을 파악할 수 있고, 고객이 불편해하는 포인트를 쉽게 찾을 수 있다. 이뿐 아니라 다양한 서비스 채널 간 시너지를 내는 방법에 대한 통찰력도 확보할 수 있다. 이러한 분석을 바탕으로 서비스 환경을 둘러싼 고객의 반응에 효과적으로 대응하거나, 혁신적인 서비스 콘셉트를 개발해 기존보다 개선된 최적의 고객 경험을 제공하는 일이 가능해진다. 고객여정 맵은 '고객 경험 증대'라는 디지털 트랜스포메이션의 목표를 달성하기 위한 과제 도출 시 활용할 수 있다.

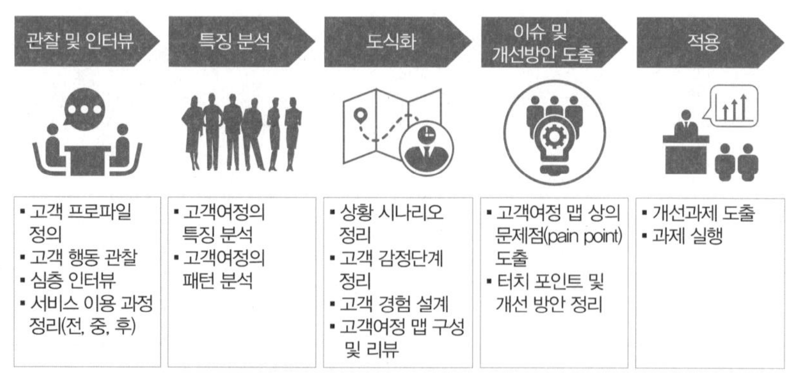

그림 3.19 고객여정 맵 정리 프로세스

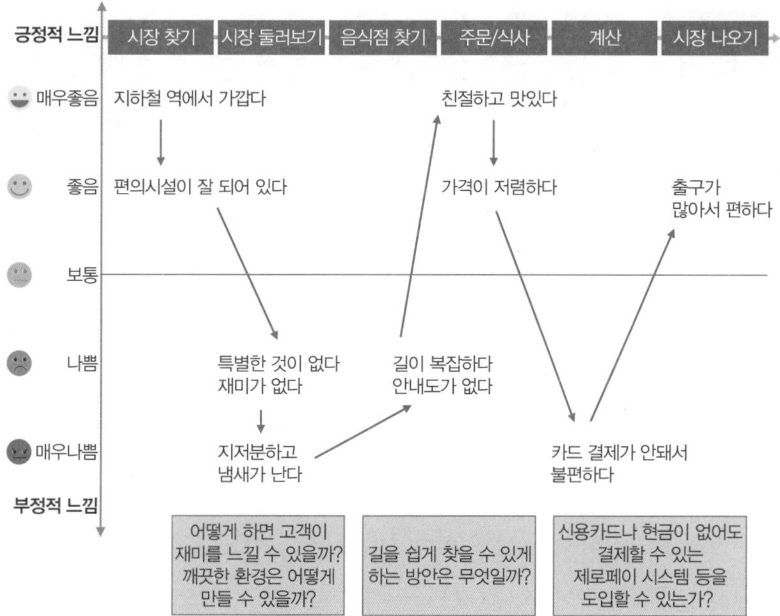

그림 3.20 고객여정 맵 예시(시장 내 맛집 탐방)

디자인 씽킹 스탠퍼드 대학교의 디 스쿨은 디자이너의 문제 해결 방식을 연구한 결과, 디자이너들이 ①공감하고, ②문제를 정의하고, ③이를 해결하기 위한 아이디어를 도출하고, ④시제품을 제작하고, ⑤사용자 테스트를 진행하는 5단계를 거친다는 사실을 알게 되었다.

이 과정을 체계화한 것이 바로 디자인 씽킹이다. 말하자면 디자인 씽킹은 '디자이너가 문제를 푸는 방식에 따라 사고하는 것'으로, 전반적인 비즈니스의 문제 해결 과정에 활용할 수 있다. 통상 디자인 씽킹은 '공감하기 → 문제 정의하기 → 아이디어 도출하기 → 프로토타이핑 → 테스트'의 단계를 거친다(그림 3.21).

공감하기 → 정의하기 → 아이디어 도출 → 프로토타입 제작 → 테스트

그림 3.21 디자인 씽킹 단계

해커톤 해커톤은 해킹hacking과 마라톤marathon의 합성어로, 혁신에 관심 있는 사람들이 기술을 이용해 문제를 해결하고 더 나은 세상을 만들기 위해 모이는 행사를 말한다. 해커톤은 보통 하루에서 일주일까지 진행된다. 처음에는 기획자, 개발자, 디자이너 등이 참여해 제한된 시간 안에 주제에 맞는 서비스를 개발하는 공모전 성격이 많았다. 그러나 최근에는 다양한 분야에서 실질적인 아이디어를 모으는 성격으로 진화했다.

해커톤은 행사나 특정 주제에 대한 발표로 시작하며, 일정과 성격에 따

일자	시간	내용	비고
1일차	19:00~20:00	참가자 등록 및 행사 안내	
	20:00~21:00	팀별 네트워킹	
	21:00~	팀별 프로젝트 자율 진행	
2일차	13:00~23:00	팀별 프로젝트 자율 진행	점심 및 저녁 식사, 다과 및 음료 제공
	23:00~24:00	야식 제공 및 이벤트 진행	
3일차	01:00~08:00	팀별 프로젝트 자율 진행	
	08:00~09:00	아침식사 제공	
	09:00~10:00	결과물 정리 및 제출	
	10:00~12:00	프리젠테이션 평가	팀별 발표 시간 10분
	12:00~13:00	결과 집계, 시상, 폐회식	

표 3.22 해커톤 프로그램(예)

라 몇 시간에서 며칠 동안 지속될 수 있다(표 3.22). 해커톤의 막바지에는 각 팀이 결과물을 발표하고, 콘테스트처럼 우승 팀을 선출해 시상하기도 한다. 디지털 트랜스포메이션을 위한 아이디어 역시 이 방식으로 도출할 수 있으며, 선정된 아이디어를 과제화해 활용할 수 있다.

정보전략계획 디지털화의 가장 전통적인 방법으로 알려진 정보전략계획ISP은 전사적으로 디지털 트랜스포메이션을 추진할 때 활용할 수 있다(그림 3.23). 디지털 트랜스포메이션의 기회 발굴과 함께 기존 정보시스템 및 인프라의 종합적인 검토가 필요한 경우에 사용되는 방법이다. 이는 전사적 관점에서 중장기 경영 비전과 전략을 효과적으로 지원하는 데 목적을 두고

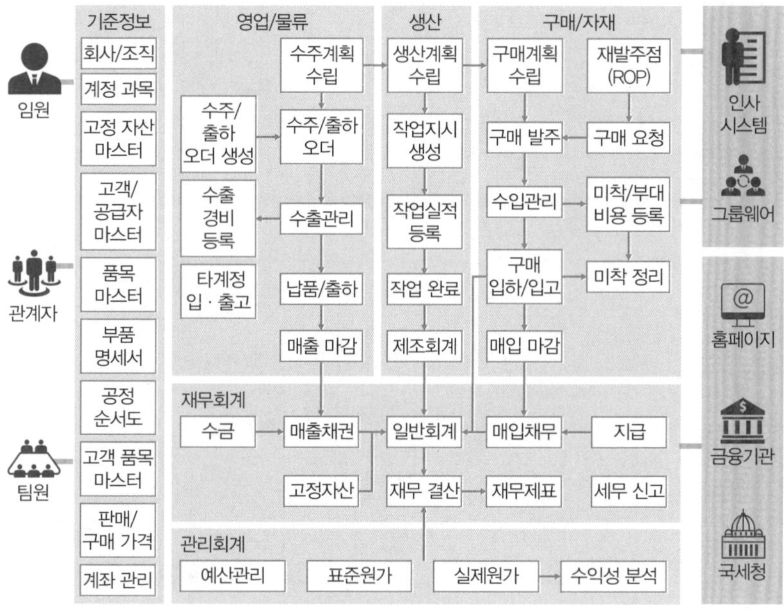

그림 3.23 정보전략계획에 의한 정보 시스템 구성도(예)

있으며, 이를 위해 정보시스템 및 정보관리 체계의 비전과 전략을 계획한다. 즉 조직의 경영 목표 및 전략의 효과적 지원을 위한 정보화 전략과 비전을 정의하고, 과제를 도출하며, 일정 계획을 수립하는 활동이라고 할 수 있다.

주요 과업으로는 경영 전략 및 환경 분석을 통한 핵심 성공 요소 도출, 정보화 수준 진단 및 과제 도출, 과제별 추진 방안 수립, 중장기 정보화 전략 수립, 정보 시스템 기본 구조 확립, 정보 자원 관리 체계 방안 제시, 단계별 정보화 실행 계획 수립 등이 포함된다.

PART 4

디지털 트랜스포메이션 성공 스토리

"좋은 기업과 위대한 기업 사이에는 한 가지 차이가 있다.
좋은 기업은 훌륭한 상품과 서비스를 제공한다.
위대한 기업은 훌륭한 상품과 서비스를 제공할 뿐만 아니라,
세상을 더 나은 곳으로 만들기 위해 노력한다."

—

윌리엄 클레이 포드 주니어, 포드자동차 전 CEO

중소기업 CEO 김혁신 대표, 성공 스토리를 엿보다

김혁신 대표는 그동안 많은 디지털 트랜스포메이션 사례를 살펴봤지만, 어쩐지 전체적인 윤곽이 잘 잡히지 않았습니다. 단편적인 사례보다는 특정 기업이 왜 디지털 트랜스포메이션을 시작했고, 어떠한 과정을 거쳤으며, 어떤 성과를 거두었는지 좀 더 알고 싶어졌습니다. 경영자로서 한 회사의 변화 과정을 면밀하게 살펴보면 실제로 디지털 트랜스포메이션을 할 때 많은 도움이 되리라고 생각했기 때문입니다.

따라서 이 단계들을 거친 회사가 디지털 비전과 목표를 어떻게 정의했는지, 과제 도출과 실행 과정에서 어떤 어려움을 겪었는지, 이를 어떻게 해결했는지 들어보려 합니다. 그 과정에서 김혁신 대표도 회사의 디지털 트랜스포메이션이 반드시 성공할 수 있다는 자신감과 확신을 얻기를 바라고 있습니다.

이를 위해 김혁신 대표는 내부 PMO 조직 인력들과 함께 몇몇 회사에 방문하고자 합니다. 그중 제조기업과 서비스기관의 사례를 살펴볼 예정입니다. 물론 디지털 트랜스포메이션에 있어서 절대적인 성공 원칙이 있다고는 생각하지 않습니다. 다른 회사의 성공 요인을 그대로 적용할 수 있다고 생각하지도 않습니다. 그러나 그들의 성공 스토리가 디지털 트랜스포메이션으로 첫발을 내딛는 회사에게 엄청난 도움을 줄 수 있다는 사실만큼은 분명합니다. 이제 김혁신 대표는 다른 조직의 성공 스토리를 엿보고, 자신만의 성공 스토리도 만들고 싶다는 생각을 합니다.

이번 장에서는 다음 질문에 대한 답변을 통해 김혁신 대표에게 조언과 응원을 건네고자 합니다.

- 어떤 배경하에 디지털 트랜스포메이션에 관심을 가지게 되었는가?
- 어떻게 해서 디지털 비전과 목표를 정하고 구성원의 참여와 공감대를 이끌어낼 수 있었는가?
- 주로 어떤 과제를 통해 디지털 트랜스포메이션을 수행했는가?
- 이 과정에서 어떤 어려움이 있었고, 어떻게 극복했는가?
- 소개된 기업 사례로부터 얻은 시사점은 무엇인가?

• CHAPTER 01 •

파나시아, 디지털 리더십과 기술로 성공의 열쇠를 쥐다

회사 개요

회사명	주식회사 파나시아	설립연도	1996년 7월 20일
대표자	이수태	매출액	647억 원(2018년)
종업원 수	213명	산업	레이더, 항행용 무선기기 및 측량 기구 제조업
주요 사업	선박용계측기기, 레벨계측기, 육상경보장치, 선박구성부품 제조 등		
주소	부산 강서구 미음산단3로 55	홈페이지	www.worldpanasia.com

경영 환경 변화와 도전

울산 현대중공업의 선박 건조장 한복판에는 거대한 '골리앗 크레인'이 서 있다. 2003년, 스웨덴 말뫼시의 조선소에서 단돈 1달러에 울산으로 팔려온 것이다. 1980년대까지 세계 조선산업의 맹주였던 스웨덴이 몰락하는 순간이었고, 말뫼의 시민들은 이 광경을 보고 눈물을 흘렸다. 스웨덴에게는 슬픈 역사지만, 우리나라로서는 조선업의 성장을 상징하는 사건이었다.

2011년, 한국 조선업 수출액은 약 565.9억 달러를 기록하며 최고치를 경신했다. 하지만 불과 7년 뒤인 2018년에는 212.8억 달러로 절반가량 떨어졌다. '말뫼의 눈물' 이후 독보적이던 한국 조선업의 위상이 무너진 것이다. 과거 조선업이 성장하면서 관련 기자재산업까지 호황을 누렸던 부산은 직격탄을 맞았다. 최근 3년간 조선 및 해양 기자재산업 기업의 평균 매출은 30%가 줄었고, 영업이익도 반토막이 났다.

이처럼 어려운 경영 환경 속에서도 매출액(수주액 기준) 9배 성장이라는 놀라운 성과를 거둔 기업이 있다. 조선 기자재 생산기업이자 친환경·에너지 설비 전문기업인 파나시아다. 파나시아가 달성한 매출 대부분은 해외 수출에 의한 것이다.

극심한 침체의 늪에 빠진 조선업계의 미래는 어두웠다. 조선업의 회복이 더디게 진행되면서 조선 기자재산업도 불황의 늪에서 허덕였다. 발주 물량이 크게 줄어든 데다, 급속도로 부상한 중국 업체들과 저가 경쟁에 뛰어들어야 하는 상황이었다. 이를 이겨내기 위해서는 미래를 바라보면서 지속적인 먹거리를 만들어 내는 일이 무엇보다 중요했다. 생존을 담보하고 성장 기반을 다져야 했기에 관련 연구와 선제적 투자를 중요 과제로 삼았다. 이 과정에서 파나시아는 친환경 부문이야말로 미래 먹거리라는 확신을 갖게 되었고, 기술 개발에 박차를 가하기 시작했다.

한편, 2010년부터 국제해사기구IMO는 선박 평형수에 오염 규제 정책을 시행했는데, 파나시아는 이 위기를 새로운 도약의 기회로 삼았다. 즉 파나시아는 규제에 적극 대응하여 선박 평형수 처리 장치와 황산화물 저감 장치인 스크러버 제조 기술을 핵심 역량으로 탄생시켰다.

현재 파나시아의 주력 제품인 선박 평형수 처리 장치 '글로엔-패트롤GloEn-Patrol'은 물리적 여과 기능을 가진 필터 유닛과 자외선 살균 기능을 가진 UV 유닛으로 구성된다. 지속적인 연구개발 끝에 IR52 장영실상을 받았고, 특허 272건도 획득했다. 또한 파나시아는 세계 해수 생태계 보전을 위해 평형수 내 미생물을 제거하는 기술로 국제해사기구 규제 기준을 통과했으며, 글로벌 선급협회의 인증을 다수 받았다. 특히 매출 대부분을 차지하는 황산화물 저감 장치 스크러버는 세계 각국의 선주를 사로잡으며 폭발적인 성장의 원동력이 되었다.

디지털 트랜스포메이션 리더십

파나시아의 혁신에는 디지털 기술의 접목이 크게 기여했다. 이에는 두 가지 커다란 계기가 있었다. 우선, 2015년 파나시아의 이수태 대표가 영국 롤스로이스Rolls-Royce 공장을 견학할 때였다. 이 대표는 공장 내 큰 기계 3대를 한 명의 인력이 다룰 수 있다는 점과 각 기계가 사물인터넷으로 연결돼 스스로 일하는 광경을 보고 큰 충격을 받았다.

두 번째 계기는 제너럴일렉트릭 사례였다. 제너럴일렉트릭은 강력한 제조 경쟁력을 기반으로 자사 제품에 센서를 내장해 사물인터넷과 빅데이터 기술을 접목했다. 그 결과 프레딕스라는 자체 개발 플랫폼이 탄생했고, 이를 통한 분석을 서비스로 제공해 새로운 비즈니스 가치를 창출했다. 전통적인 제조업에서 디지털 서비스를 제공하는 회사로 변신하고 있었던 것이다.

이 과정에서 스마트팩토리의 가능성을 본 이수태 대표는 로봇, 빅데이터, 사물인터넷 등 디지털 기술을 접목하기 위한 노력을 시작했다. 특히 현재 몇몇 제품은 세계 최고라고 인정받지만, 지속적인 혁신 없이는 언제 도태될지 모르기에 강력한 디지털 혁신 리더십을 발휘했다. 이수태 대표는 디지털 혁신을 본격적으로 추진하기 위해 "e파나시아는 조선·해양플랜트 제조업체 파나시아를 제조·디지털 기술 융합 해양서비스 기업으로 전환하기 위한 발판이다"라고 강조하면서 디지털 비전을 선포했다.

e파나시아는 ERP 등 파나시아의 모든 디지털 솔루션을 통합·운용하는 최고 레벨의 스마트팩토리 시스템이다. 생산부터 품질, 원가, 물류, 설비, 에너지까지 기업 경영과 관련된 전 분야를 통합 관리할 수 있다. 관리 시에는 원가 관리를 중심에 두고 마케팅, 물류, 생산 계획, 생산 관리를 긴밀하게 연계한다.

e파나시아는 센서 기술과 사물인터넷을 접목해 생산 라인, 생산 제품, 관제 센터 간 정보를 파악하고, 이를 주고받을 수 있는 양방향 정보 송수신 제어도 가능하다. 마케팅, 물류에서 연구개발 및 자재 구매와 공급망 SCM, QMS(Quality Management System, 품질관리시스템)에 이르기까지 최적

1단계	2단계	3단계
개별 응용 솔루션을 통합	생산 라인 전반 혁신	원격 사후관리(AS)
▪ 낙후되고 오래된 시스템 업그레이드 및 고도화 ▪ 분산된 개별 응용 솔루션 통합 및 연계	▪ UV-램프 등 제조장비 및 설비 도입 ▪ 사물인터넷(IoT) 접목 ▪ 공정상의 빅데이터 수집 및 처리 기반 마련	▪ 주력 생산 제품까지 센서 탑재, 제품에서 파악한 정보를 신규 서비스로 연결 ▪ 제품에 대한 원격 사후 관리 ▪ 사물인터넷 기반의 원격 선박 모니터링 서비스

그림 4.1 e파나시아 구축 단계

의 정보를 전달해 효율을 극대화하는 구조다. e파나시아 구축은 단순히 기존 생산 라인의 효율 극대화를 넘어, 비즈니스 유형에 근본적인 변화를 불러오는 것을 목표로 한다. e파나시아 구축은 그림 4.1과 같이 3단계로 나누어 순차적으로 추진 중이다.

미래를 내다보는 이수태 대표의 통찰력과 판단력은 어디서 오는 것일까? 이 대표는 독서 경영을 중시한다. 파나시아의 독서 경영은 전 직원이 함께한다. 각자 책을 읽은 뒤 감상문을 제출하고, 우수한 감상문을 뽑아 시상하는 방식이다.

파나시아의 스마트팩토리 완성은 독서 경영의 역할이 컸다고 평가받는다. 디지털 기술 기반 솔루션 업체가 아닌, 다품종 소량 생산 체계에 대한 경험과 노하우가 풍부한 파나시아 직원들이 스마트팩토리 구축에 주도적으로 참여한 것도 이 때문이다.

최고경영자가 앞장서서 공부에 매진하니, 임직원도 자연스럽게 스마트팩토리 공부에 매달렸다. 이 대표는 "전문가를 초청해 학습하고, 책이나 유튜브 강의 등 우리가 모을 수 있는 모든 자료를 동원해 공부했다"라고 말했

사진 4.2 파나시아 독서 토론회

다. 결국 리더가 학습의 중요성을 강조했기에 구성원들의 평소 학습 역량이 강화되었고, 이것이 탁월한 문제 해결 능력으로 이어졌다.

주요 혁신 노력과 성과

파나시아의 기술력과 혁신 의지는 매우 강력하다. 세계 강소기업 '월드클래스 300'과 연구개발특구 '첨단기술기업'으로 지정된 파나시아는 친환경 선박 관련 첨단 기술도 다수 보유했다. 하지만 파나시아는 여기에 안주하지 않고 기술 혁신과 도전을 거듭하는 중이다.

파나시아가 선박 평형수 처리 장치를 만든 목적은 해수 이동에 관한 규제 및 생태계 보전을 위한 평형수 내 미생물 제거에 있다. 파나시아는 까다로운 IMO 규제 기준도 통과했다. 또한 선박에서 나오는 오염된 공기 속 황산화물을 해수로 정화하는 장치인 스크러버를 개발해 주목받기도 했다. IMO의 환경 규제가 까다로워짐에 따라 스크러버는 각 국가의 대안으로 떠올랐다. '친환경'이라는 시장 및 규제 변화를 사전에 예측하고 기술개발 및 제품 경쟁력 강화에 힘을 쏟은 것이 성과로 나타났다.

초기 실패로부터 얻은 교훈, 그리고 혁신

파나시아의 제품 경쟁력은 디지털 기술의 접목에서 나온다. 현재는 제조 공정별로 스크러버와 선박 평형수 처리 장치에 스마트팩토리 시스템을 적용한다. 기존 ERP로 생산 전 과정을 관리하기에 한계를 느낀 파나시아는 ERP의 고도화 작업부터 시작했다. 그다음으로 MES를 도입하면서 공장의 스마트화를 본격적으로 추진했다.

물론 이 과정은 쉽지 않았다. 정부의 '스마트팩토리 보급·지원 사업'을 접한 이수태 회장은 파나시아가 겪는 핵심 공정에서의 문제가 스마트팩토리 도입으로 해결될 것으로 기대했다. 이를 위해 정부 사업에 지원하고자 사업계획서를 작성하려 했으나 처음부터 난관에 부딪혔다. 파나시아 직원들에게 스마트팩토리의 개념은 물론 '디지털'이라는 용어조차 생소했기 때문이다. 주어진 기간은 고작 한 달. 직원들은 관련 도서와 연구보고서 등을 보면서 지식을 빠르게 학습했고, 모두가 합심하며 사업계획서를 작성했다. 결과는 불합격이었다.

그러나 이대로 멈출 수는 없었다. 세 번의 도전 끝에 파나시아는 스마트팩토리 지원사업자로 선정됐다. 파나시아의 생산성 혁신이 시작된 것이다. 이를 진두지휘했던 파나시아 이용기 부장은 지원사업에 실패한 경험이 오히려 의미 있었다며 다음과 같이 말한다.

"처음 불합격 통보를 받았을 때는 눈앞이 깜깜했습니다. 그러나 이러한 도전과 실패가 디지털 트랜스포메이션 관련 지식과 역량을 쌓는 밑거름이 됐습니다. 결과적으로 직원들의 디지털 역량 강화는 지속적인 혁신을 추구하는 조직문화 형성에 밑거름이 되었습니다."

파나시아는 정부 지원금 5천만 원을 포함해 총 1억 4천만 원을 들여 MES를 구축하고, 공장의 하드웨어도 혁신했다. 이를 통해 전 공정에서 각종 데이터가 수집되며 작업 분석으로 이어진다.

생산 현장의 디지털 기술 접목 가속화

한편, 파나시아는 생산 공정에서도 로봇과 센서 기반의 사물인터넷을 접목하는 디지털화를 시작했다. 파나시아는 선박 평형수 처리 장치에서 살균 역할을 하는 자외선 램프를 생산한다. 자외선 램프를 만드는 공정은 유리 공예와 비슷해서 기능 전수에만 10년 정도 걸린다. 이렇듯 전문가 육성이 어려운 데다 유리를 녹이는 데 강한 화력이 쓰이고 수은 등 화학약품을 사용하는 과정이 포함돼 있어서 작업 위험도가 높다. 게다가 작업자마다 기술 수준에 차이가 있어서 품질 확보에도 어려움을 겪었다. 바로 이 부분에 디지털 기술을 접목한다면 생산성이 획기적으로 올라갈 것으로 보았다.

파나시아는 유럽의 대기업에서도 수작업으로 하는 이 공정에 로봇과 센서를 접목했다. 열을 가해 유리관을 늘리고 용접한 뒤 수은과 질소를 채워 넣고 전극을 붙이는 일련의 과정을 자동화했다. 디지털 기술을 어느 부분에 접목할지 통찰력이 돋보이는 선택이었다. 이른바 '로봇 자동화 시스템'을 통해 숙련 기술자의 비표준화된 제조 방식을 데이터 기반으로 자동화했다. 유리를 성형할 때 필요한 동적인 온도 변화, 가스 주입량, 성형, 후처리, 검사 절차 등 모든 부분이 수치화되었다.

기존의 공장 자동화와 디지털 시대의 공장 자동화는 매우 다르다. 이 로봇은 생산 공정 데이터를 분석한 후 스스로 학습해 작업 능률을 높이도록 설계되었다. 그 결과, 일 생산량이 80개에서 300개로 3배 이상 늘었고, 불량률은 6.43%에서 0.96%로 6분의 1 수준까지 떨어졌다. 제조 원가는 30% 정도 줄었다. 작업자가 유해한 환경에 노출되는 일도 거의 사라졌다. 생산성이 높아지고 품질이 개선되니 제조 원가도 경쟁력이 생겼다.

파나시아 공장에서는 종이 문서도 없앴다. 그동안 종이 기반으로 이뤄지던 작업지시서와 설계도 등을 모두 디지털화했다. 전체 공정은 시스템을 통해 관리되며, 작업자들은 대형 모니터로 작업 진척도 등 작업 관련 정보를 실시간 확인한다. 이 시스템은 부품 및 자재를 공급하는 업체와도 연동되어 발주, 입출고, 재고까지 효율적으로 관리한다.

다른 한편으로는 빅데이터 기술을 접목할 기회를 탐색했다. 현재 파나시아는 선박에서 부품 정보를 실시간으로 수집해 선원에게 가이드라인을 제시한다. 반복적이고 지속적으로 발생하는 문제를 수집해 선주와 선원에게 동시에 정보를 제공하는 것이다. 이 정보를 통해 제품의 수명 주기와 문제점을 미리 파악할 수 있고, 교체나 수리 시기도 즉시 알 수 있다. 이렇듯 파나시아는 사후 관리가 어렵다는 조선 기자재 부문의 단점을 디지털 기술로 극복했다.

파나시아는 스마트팩토리 도입을 통해 위험하고 반복적인 일을 로봇에게 맡겨 효율성과 안전성, 시간당 생산성을 높였다. 이로 인해 사람이 하는 일이 적어져 궁극적으로는 인력이 감소되지 않을까 생각할 수도 있다. 그러나 파나시아는 생산 원가를 획기적으로 줄이면서 생산성을 높이는 동시에 매

사진 4.3 자외선 램프를 만들고 있는 스마트 로봇

출이 9배 이상 증가하면서, 직원 수가 2배 가까이 늘었다. 그렇기에 파나시아의 스마트팩토리 도입은 매우 이상적인 혁신 모델로 평가받고 있다.

물론 MES 도입과 자외선 램프 생산 공정을 스마트화하는 과정이 쉽지는 않았다. ERP 업그레이드를 두고 초기에는 직원들의 거부감이 컸고, 숱한 시행착오도 겪었다. 그러나 이 과정에서 주요 임직원이 다양한 학습을 통해 준 전문가 수준으로 성장했고, 이들이 원하는 사양을 정확하게 요구한 덕분에 맞춤형 스마트팩토리가 탄생했다. 직원들 역시 공정 과정을 분석해 문제점을 찾고 개선점을 도출하면서 '우리도 할 수 있다'라는 자신감을 가졌다. 로봇 자동화 시스템이 처음 시범 운전되던 날, 자동으로 자외선 램프가 생산되는 모습을 지켜보며 모두가 환호했다. 끈질긴 노력의 결과는 대성공이었다.

디지털 전략을 총괄한 김성관 부사장(생산본부장)은 디지털 기술에 대한 지식 없이 시작한 게 오히려 더 좋은 결과를 가져왔다고 말한다. 백지 상태부터 하나씩 들여다보고, 표준화하며, 대응 방안을 마련했던 연구 과정이 성공으로 이어졌다는 뜻이다.

직원들의 참여와 파트너 협업

성공은 또 다른 성공을 위한 밑거름이 된다. 직원들은 분임조 활동을 통해 자발적으로 의견을 제시하고, 경영진은 이를 최대한 적용하기 위해 노력한다. 공지사항을 확인할 수 있는 모니터를 도입한 것도 이러한 노력의 결과다. 파나시아에서는 오늘도 직원들의 아이디어가 넘쳐난다.

파나시아는 파트너와의 협업도 지속적으로 수행한다. 현재 부산대와 '정보통신기술을 활용한 자외선 램프 생산 현장 환경 데이터 수집 및 램프 기대 수명 예측'이란 주제로 공동 연구를 진행하고 있다. 또한 KT와 5G의 접목도 추진 중이다.

파나시아의 목표는 위성해상관제시스템PAN-MSCS을 통해 선박에 설치된 파나시아 제품의 데이터를 수집하고 모니터링해 문제 발생 시 실시간으로 진단하고 해결 방안을 찾아주는 'ICT 기반 관제 시스템'의 구현이다. 선박 내 설치된 파나시아의 조선 기자재 센서에서 나온 신호를 5G 기술을 활용해 인공위성을 통과시킨 후 다시 파나시아에 전달하는 것이다.

성과로 이어진 디지털 혁신 노력, 그리고 끊임없는 학습

최근 파나시아는 그리스 조선사와 750억 원대의 계약을 성사시켰다. 스크러버 기술의 강자인 노르웨이 제조사와 경쟁 끝에 스크러버 75기를 유럽 등에 납품하기로 한 것이다. 앞으로 환경 문제가 큰 이슈가 될 것이라 예측해 지난 몇 년간 과감한 투자를 펼친 결과였다. 파나시아는 설립 이후부터 축적된 대기환경보호기술을 토대로 기존 업체와 차별화된 경험을 축적하고자 했다. 그래서 최적화 및 경량화뿐만 아니라 스마트 기술을 접목한 배기가스 저감 장치를 개발하기 위해 투자를 아끼지 않았다.

이 대표는 "스마트팩토리가 무엇인지 꿰뚫어볼 수 있도록 교육을 받아야 한다. 코끼리인지 기린인지 모르고 상상으로만 추진한다면 목적과 다른 결과를 얻게 된다. 자발적으로 추진하려는 의지가 필수이고, 핵심 임직원에 대한 교육도 반드시 필요하다"라고 말한다.

파나시아 본사 입구에 들어서면 'Happy Work Campus'라는 간판이 제일 먼저 눈에 띈다. 파나시아 직원들은 늘 학습하며 오늘도 디지털 혁신을 위해 노력하고 있다.

파나시아 사례의 시사점

파나시아의 디지털 혁신이 중소기업에게 건네는 시사점은 무엇일까? 파나시아는 디지털 트랜스포메이션을 위해 요구되는 역량을 두루 갖추었다고 평가받는다. 작은 규모의 중소기업이 어떻게 세계 무대에서 주목받는 기업으로 성장할 수 있는지 보여주는 대표적인 사례라고 볼 수 있다. 파나시아가 이 도전에 성공할 수 있었던 것은 다음과 같은 네 가지 이유 덕택이다.

첫째, 최고 경영자의 탁월한 리더십이 있었다. 파나시아의 지속적인 성장은 이수태 대표가 시장에 대한 통찰을 갖고, 그에 걸맞은 기술력을 준비해왔기에 가능했다. 이 대표는 기업가가 가져야 할 덕목으로 비전, 통찰력, 철학을 제시한다. 비록 3명이 모여 3평짜리 지하 창고에서 시작했지만, 꾸준한 독서로 통찰력을 키웠고, 세상의 흐름을 읽어가며 10년 먼저 기회를 포착했다. 그는 다가올 미래에 대비하고자 과감하게 투자한 결과 회사가 이만큼 성장했다고 말한다. 혁신, 미래 조망 통찰력, 지속적 학습 등을 중시했고, 디지털 기술에 대한 확신과 의지, 열정도 강했다.

이수태 대표는 이를 놓치지 않고 기업의 디지털 비전으로 구체화했다. 이로 인해 구성원 참여 중심의 혁신이 추진되었고, 비전 실행력을 확보함과 동시에 조직문화도 적극적으로 바꿀 수 있었다. 디지털 전략을 제대로 실현하려면 기존 업무 형태부터 근본적으로 바꿔나가야 한다. 그 과정에서 조직 차원의 저항에 부딪칠 수 있고, 안정화까지는 오랜 시간이 걸릴지도 모른다. 파나시아는 디지털 트랜스포메이션에 대한 리더의 확신과 추진력을 원동력 삼아 조직문화를 변화시켰고, 스마트팩토리 구축에도 성공했다.

둘째, 혁신적인 기술과 제품 개발에 나섰다. 시장에 대한 전망과 이해를 바탕으로 철저히 시장지향형 제품과 기술을 개발했다. 축적된 경험과 노하우, 경쟁력을 바탕으로 차별적 우위를 점할 수 있었다. 만약 과감한 선행투자가 부족했다면 이는 쉽지 않았을 것이다.

셋째, 디지털 기술 접목으로 생산성을 극대화했다. 디지털 기술의 도입은 생각보다 어려운 일이다. 왜냐하면 단순한 기술이나 솔루션의 도입에서 그치지 않고, 조직, 인력, 제도 변화가 반드시 뒤따라야 하기 때문이다. 이 과정에서 이수태 대표는 조직 구성원의 학습 역량을 높이는 데 많은 노력을 기울였다. 아는 만큼 보이고, 보이는 만큼 혁신할 수 있다는 신념을 갖고 있었기 때문이다.

이수태 대표는 스마트팩토리 구축을 적극 추진했다. 로봇, 사물인터넷, 빅데이터 등 디지털 기술을 제품과 접목하고 ERP, MES 등을 도입해 프로세스 통합, 자동화, 종이 문서 제로화를 추구했다. 그 결과 불량률은 기존의 1/6 수준으로 낮아졌고 제조 원가 30% 절감, 생산량 3배 증대 등 가시적인 성과가 나타났다. 생산성 증가는 추가 고용을 창출하는 선순환으로 이어졌다.

넷째, 파트너와 협업하면서 역량을 키웠다. 혁신에서 파트너십과 개방형 이노베이션은 매우 중요한 요소다. 중소기업은 대체로 고급 인력과 자본이 부족하다. 파나시아는 기술적으로 부족한 부분은 연구소 및 대학과 협력했고, 자금이 부족한 부분은 정부 사업을 통해 보충했다. 끈질긴 노력을 통한 외부 역량의 내재화는 성공으로 가는 열쇠가 되었다. 파나시아는 대학과의 공동 연구 수행, 5G 서비스 제공 업체와의 기술 협력 등을 통해 파트너십을 강화하고 있다.

여기가 끝이 아니다. '조선 · 해양플랜트 제조업체 파나시아를 제조와 디지털 기술을 융합한 해양 서비스업으로 전환한다'는 파나시아의 디지털 비전은 지금도 진행 중이다. 리더의 강력한 비전과 조직 구성원들의 자신감에 찬 도전과 열정이 있는 한, 파나시아는 국내 디지털 강소기업을 넘어 전 세계에서 가장 경쟁력 있는 디지털 강소기업으로 자리매김할 것이다.

• CHAPTER 02 •

한국생산성본부, 디지털 혁신 전도사가 되다

회사 개요

회사명	한국생산성본부	설립연도	1957년 7월 설립
대표자	노규성	매출액	1,460억 원(2018년)
종업원 수	310명	산업	산업교육, 컨설팅
주요 사업	경영 지도 사업, 인재개발, 기업인들의 자기계발, 각종 생산성 통계 작성, 수탁 학술조사 연구 및 발간 사업		
주소	서울특별시 종로구 새문안로 5가길 32(적선동 122-1)	홈페이지	www.kpc.or.kr

새로운 리더십

1957년에 설립된 한국생산성본부KPC는 국가 생산성 향상을 목적으로 한 공공법인체이다. 한국생산성본부는 '산업 발전을 통한 국가 경쟁력 강화'라는 미션 아래 기업 생산성 향상을 위한 노하우를 전수하면서 한국 경제의 압축 성장에 크게 기여했다.

특히 경영 진단 및 지도 사업, 교육 훈련 사업, 생산성 관련 통계 및 조사 연구 사업, 자동화 · 정보화 등 생산성 향상을 위한 관련 기술의 연구개발 및 보급 사업 등 각종 사업을 수행하며 국가 발전과 기업 성장을 이끌어왔다. 이 과정을 거치며 한국생산성본부는 산업 교육, 컨설팅, 자격 인증 분야에서 국내 선두 기관으로 자리 잡았다. 또한 한국생산성본부는 국내 최초이자 최고의 경영지도기관으로서 1천 6백여 개의 교육 과정을 개설하고 연간 25만 명의 재직자를 교육하는 국내 최대 규모의 교육 플랫폼이기도 하다.

한국생산성본부는 설립 이래 새롭고 다양한 경영 기법을 기업에 소개하여 기업 생산성 향상 및 경쟁력 강화에 기여했다. 공공성을 유지하면서도 자생적인 비즈니스를 펼치며 경쟁력을 높여온 여러 시도를 통해 지식 서비스 전문기관으로서의 입지를 단단하게 굳혔다.

한국생산성본부의 노규성 회장은 취임 후 기존 핵심 역량을 지속적으로 키워가되 새로운 시대에 부합하는 변화 역량의 축적이 필요함을 강조했다. 그동안 지속적인 매출 성장과 업계에서의 강한 영향력을 발휘한 한국생산성본부였지만, 미래에 능동적으로 대비하지 않으면 조직의 앞날은 그리 밝지 않을 것이라고 판단했다. 국가 사회의 공적 책임에 대한 관심도 낮았고, 현 사업에만 치중하다 보니 4차 산업혁명과 디지털 혁신을 둘러싼 준비도 미흡했다. 외부 경영 환경은 급격하게 변하는데, 이를 선도해야 할 교육 및 컨설팅업체로서의 내부 준비는 제대로 이뤄지지 않았던 것이다. 이에 한국생산성본부는 새로운 비전과 미션을 정립하고 변화를 위한 시동을 걸기 시

사진 4.4 한국생산성본부 노규성 회장

작했다.

노규성 회장은 제2의 창업이라는 강한 의지로, '플랫폼 기반 혁신 서비스 제공 글로벌 선도 기관'이라는 비전을 선포했다. 한국생산성본부는 '미래의 지속 가능한 대한민국 국가 가치를 창조하는 종합 생산성 혁신 플랫폼 서비스 글로벌 선도기관으로서, 기존 사업의 고도화 및 플랫폼 기반의 신사업 진출을 통해 사업 경쟁력을 강화하고, 전문 인재의 양성과 소통 문화 정착을 통해 조직문화를 혁신하며, 고객으로부터 신뢰받고 사랑받는 국가 생산성 혁신 글로벌 선도기관으로 도약하며, 궁극적으로 대한민국의 밝은 미래와 고객 기업의 발전에 이바지한다'로 비전을 구체화했다.

이러한 비전을 실현하기 위해 한국생산성본부는 세 가지 중요한 목표를 선정했다.

첫째, 사회적 책임과 공공성 강화를 위해 다양한 프로그램 및 과제를 추진하는 것이다. 특히 사회적 약자 보호, 대기업·중소기업 간 상생 등 공공

이익에 기여하는 가치를 창출하고자 노력하는 것이 필요하다. 이를 위해 중소기업 현장 방문, 애로사항 청취 후 정책 개발, 변화를 반영한 생산성 지표 개발 등을 추진하고 있다.

한국생산성본부는 주52시간 근무제 및 최저임금 인상, 규제 개선 등 정책 현안에 신속히 대응하기 위해 전국 순회 중소기업 간담회를 개최하는 한편, 직접 중소기업 현장을 방문해 애로사항을 파악하고 이를 정책 제안에 반영하기도 한다. 노규성 회장이 직접 지방 중기 CEO들과 만나 최저임금 인상, 근로시간 단축, 일자리 창출, 규제 혁신 등에 관한 논의를 주고받으며 주기적으로 의견을 수렴하고 있다.

둘째, 디지털 **KPC**를 실현하는 것이다. 새로운 시대에 부합하는 디지털 비즈니스 모델 정립 및 내부 디지털 역량 강화 등을 목표로 세부 방안을 추진하고 있다. 외부 환경의 급격한 변화로 인해 변곡점 맞은 기업들이 낙오하지 않고 변화에 능동적으로 대응하려면 디지털 트랜스포메이션이 중요하다. 이를 위해 빅데이터, 인공지능, 사물인터넷, 블록체인, 디지털 마케팅 등 새로운 디지털 기술을 중소기업이 비즈니스에 접목하도록 하기 위한 실무 중심 교육 프로그램을 대거 신설했다.

여기에 중소기업을 위한 맞춤형 스마트팩토리 컨설팅 사업을 새롭게 추진하는 한편, 기업, 정부기관, 대학 등과 업무협약MOU을 체결해 한층 강화된 협력 기반도 다지고 있다. 내부의 디지털 역량을 강화하기 위한 또 다른 방안은 미래전략위원회, 4차산업혁명추진단, 디지털 혁신본부 등의 조직을 신설하는 것이다. 이들을 중심으로 정보 전략 계획 수립과 디지털 혁신 과제를 도출해 디지털 트랜스포메이션을 가속화하고 있다.

셋째, 글로벌 **KPC**로 도약하는 것이다. 노 회장은 취임 후 생산성본부의 글로벌 역량 강화에도 매진하고 있다. 기존에는 아시아생산성기구APO 중심이었던 네트워크를 유럽, 중남미, 아프리카 등 타 지역으로 확대하는 한편, 컨설팅, 교육 등 협력 영역을 다양화하는 노력도 지속하고 있다.

이 일환으로 먼저 개발도상국의 생산성 향상을 통한 국가 간 글로벌 포용 성장에 앞장섰다. 외국에 진출하는 한국 기업의 경쟁력 강화를 위해 교육, 컨설팅 사업을 전개하고, 우리나라 청년들이 외국으로 나갈 수 있는 기회도 마련하고 있다. 특히 미국 퍼듀대, 스탠포드대, 뉴욕주립대, 국내외 벤처캐피털 업계, 엑셀러레이터 등과의 협력 모델을 개발하여 한국, 미국, 신남방국가의 스타트업startup들의 혁신적 비즈니스 활성화에 적극 나서고 있다. 뿐만 아니라, 외국의 우수 학생들이 한국으로 들어와 국가 경쟁력을 높이는 계기도 마련하고 있다.

디지털 트랜스포메이션, 혁신의 방아쇠를 당기다

경영 환경의 변화가 가속화되고 있다. 모바일, 빅데이터, 사물인터넷, 인공지능, 소셜네트워크, 유튜브 등 새로운 디지털 기술은 전통적인 사업 환경을 크게 바꾸고 있다. 한국생산성본부 회장 및 경영진은 디지털 기술이 앞으로 비즈니스에 미칠 영향을 주의 깊게 관찰하고 분석할 필요를 느꼈다. 이는 교육, 컨설팅, 자격 및 인증 사업에 상당한 영향을 미칠 것이며, 에듀테크 기술로 무장한 많은 기업의 도전을 받을 것이기 때문이었다.

이러한 인식 아래 노 회장을 비롯한 경영진은 한국생산성본부가 혁신해야 한다는 점에 크게 공감했다. 이 결정을 끌어낸 요소는 무엇일까?

첫째, 교육 환경의 변화이다. 밀레니얼 세대, 즉 1980년대 초반에서 2000년대 초반에 태어난 세대는 독특한 특성을 가진다. 2026년 노동 인력의 75% 정도를 차지할 이 세대는 짧은 콘텐츠에 익숙하고 능동적으로 콘텐츠를 소비하며, 디지털 기술 역시 능숙하게 다룬다. 따라서 주요 교육 대상이 될 밀레니얼 세대의 특성 변화에 주목해야 했다. 전통적인 교육 방식만 고집하다가는 고객의 수요 변화를 따라잡지 못해 교육 시장에서 살아남기가 어렵기 때문이다.

특히 주 52시간 근무제 도입에 따라 기업들은 단기나 하루, 혹은 온라인 교육 의존도를 높일 것이다. 교육 비용과 시간 대비 효율성에도 관심을 둘 것이고, 이에 따라 교육 방식에도 많은 변화가 예상된다. 1:1 맞춤형 교육 요구의 증가, 마이크로 러닝Micro Learning*, 플립 러닝Flipped Learning**, 어댑티브 러닝Adaptive Learning*** 등으로 교육 모델 이동, 800개 이상의 대학에서 제공하는 강의를 온라인에서 학습할 수 있는 MOOCMassive Open Online Courses****공개 등을 예로 들 수 있다. 유튜브에서 교육 관련 동영상은 매일 10억 회 이상의 조회 수를 기록한다.

에듀테크에 기반을 둔 스타트업들의 약진도 계속되고 있다. 학습 도구와 콘텐츠뿐 아니라 교육 플랫폼, 인공지능 등을 접목한 다양한 솔루션이 시장에 속속 등장하고 있다. 새로운 교육 모델과 에듀테크의 발달은 교육 산

---

* 마이크로 러닝 학습 단위를 잘게 나누고 짧게 구성해 모바일 기반으로 빠른 학습이 가능하도록 하는 학습 방식

** 플립 러닝 기초 강의를 온라인으로 대체하고 집단 토의나 발표만 교수자와 학습자가 함께해 학습 효율을 높이는 학습 방식

*** 어댑티브 러닝 학습자가 온라인 교육을 받을 때 내놓는 반응 데이터들을 종합해 학습자의 현재 이해도를 파악하고 이에 따른 맞춤 콘텐츠를 제공하는 학습 방식

**** MOOC 온라인을 통해 언제 어디서나 강의를 원하는 대로 들을 수 있는 대규모 온라인 공개 강좌

업 전반에 큰 영향을 미칠 것이며, 한국생산성본부 또한 이러한 트렌드를 적극 반영할 필요를 느낀 것이다.

둘째, 사업 경쟁력 강화가 필요한 시점이라고 판단했다. 한때 국내 컨설팅 분야를 선도하던 한국생산성본부였지만, 외국계 컨설팅사의 진출로 고급 컨설팅 시장을 빼앗기고 운영 컨설팅 영역 일부만 담당하는 형태가 지속되면서 그 위상이 줄어들었다.

자격, 인증 사업도 특정 분야에서 확고한 기반을 다져 왔으나 인구증가율 감소, 새로운 환경 변화 등에 따라 자격 사업을 중심으로 새로운 도약이 필요한 시점이라는 진단을 내렸다. 교육, 컨설팅, 자격, 인증 등 각 사업 분야에서 비교적 견고한 사업 포트폴리오를 가진 한국생산성본부였지만, 환경적인 변화는 지속적인 성장을 위협할 수 있다고 본 것이다. 그동안 안정적으로 성장해 온 한국생산성본부에 새로운 변화가 필요한 시점이 왔다고 받아들였다.

셋째, 경쟁사의 도전과 혁신이다. 기존 오프라인·온라인 시장에서는 시장 지배력을 가진 몇몇 업체가 있었다. 그러나 새로운 스타트업이나 에듀테크 기업이 등장하면서 기존 온라인 업체가 오프라인에 연계해 진출하는 등 시장에서도 많은 변화가 일어나고 있다.

한국생산성본부는 오프라인 교육뿐만 아니라 온라인 교육, 공개 교육과 수탁 교육, 자격 및 인증 등 다양한 형태의 교육 및 컨설팅 서비스를 안정적으로 수행해 왔다. 하지만 더는 이 지위를 확신할 수 없다. 에듀테크 기업이나 신기술 기반의 스타트업 출현, 온라인·오프라인 통합 기업의 등장은 기존 사업의 판도를 바꿀 정도로 위협적이기 때문이다. 한국생산성본부는 그동안의 핵심 역량을 바탕으로, 새로운 경쟁 환경에서도 우위를 점하기 위해 혁신과 변화가 필요함을 깨달았다.

넷째, 내부 디지털화의 미흡이다. 기존 ERP, 포털, 학습 관리 시스템, 자격 포털, 홈페이지 등 제반 시스템은 이전에도 있었다. 그러나 구축된 지 오래된 시스템이라 유지보수가 필요했고, 혁신을 추진하려면 새로운 시스템의 도입이 절실했다. 기본적인 업무 처리를 위한 시스템은 갖췄으나, 디지털 및 에듀테크 기술을 바탕으로 경쟁력을 확보하기 위한 플랫폼 구성이 시급한 과제가 되었다.

다섯째, 보수적인 조직문화의 변화 요구이다. 노 회장을 비롯한 경영진은 60년 넘는 전통을 가진 한국생산성본부의 강점과 핵심 역량에도 불구하고, 변화와 혁신이 요구되는 시점에는 보수적인 문화가 걸림돌이 될 것으로 판단했다. 이에 따라 도전적, 실험적, 개방적이고 유연하게 대처하는 문화를 정착시켜야 한다고 진단했다.

이러한 이유들로 한국생산성본부는 미래 성장을 위한 플랫폼을 강화하려면 강력한 디지털화가 먼저 이뤄져야 함을 깨달았다. 그리고 본격적으로 디지털 혁신의 방아쇠를 당겼다.

주요 혁신 노력과 성과

한국생산성본부는 체계적인 접근법을 바탕으로, '디지털 KPC'라는 큰 그림을 그리기로 했다. 디지털 혁신을 위한 과제는 일정 계획을 세워 하나씩 추진하기로 했다.

디지털 비전과 목표

먼저, '디지털 KPC'라는 비전을 달성하기 위해 세 가지 목표를 설정했다.

첫째, 디지털 기술에 의한 신규 비즈니스 개발을 통해 새로운 성장 모멘텀을 마련하는 것이다. 4차 산업혁명과 디지털 트랜스포메이션이라는 변화에 맞춰 교육 과정을 개편하고, 새로운 교육 프로그램 및 서비스를 대폭 강화했다. 이 과정에서 시장의 요구에 부합하는 교육 과정을 확충했고, 고객 맞춤형 교육도 다수 개발했다. 컨설팅 방법론이나 프로그램도 새롭게 정비했다.

예상은 적중했다. 고객들은 새로 개발된 교육 과정에 많은 관심을 보였고, 기존 교육 과정 대비 과정당 교육생 수와 매출이 큰 폭으로 상승했다. 예를 들면 빅데이터, 사물인터넷, 인공지능, 3D 모델링, 스마트팩토리, R, 파이썬 등 프로그래밍, 클라우드, 가상현실, 증강현실, 디지털 마케팅 등의 과정이 개설됐고, 비즈니스 모델 캔버스, 디자인 씽킹, 디지털 리더십, 디지털 리터러시 교육 등을 새롭게 포함했다.

둘째, 디지털 기술 접목을 통한 운영 효율성 제고다. 이는 디지털 마케팅과 고객 관리, 온라인·오프라인 통합형 스마트 러닝 플랫폼 구축, 프로젝트 관리, 빅데이터 분석 등을 접목해 운영 효율성을 극대화하는 것이다. 이를 수행하기 위해 업무 효율성과 고객 만족 및 고객 경험을 증대하고, 고객 데이터를 통합함으로써 고객 맞춤화된 서비스를 원스톱으로 제공하고자 했다.

동시에 소셜네트워크, 블로그, 유튜브, 모바일 등 다양한 채널을 통해 고객과의 접점을 확장하고자 했다. 온라인과 오프라인을 통합해 플립 러닝을 지원하는 플랫폼을 만들고, 고객 데이터를 광범위하게 수집하고 분석해 맞춤형 교육 서비스를 제공하려는 목표에서다. 또한 내부적으로도 ERP나 포털 등의 고도화를 거쳐 일하는 방식의 혁신 및 운영 효율성을 극대화하려는 목표를 세웠다 .

셋째, 협업과 정보 관리 효율화이다. 다수의 프로젝트를 수행하는 조직 특성상 내부 구성원이 협업을 효과적으로 수행하며, 구성원 간 정보 관리 및 효율화가 잘 이뤄져야 했다. 전 본부 차원에서 지식 자원을 효과적으로 관리하고 공유할 것, 그리고 학습 조직화를 통해 구성원의 역량을 강화해 나갈 것을 목표로 삼았다.

조직과 인력

'디지털 KPC'의 비전을 달성하려면, 먼저 조직을 정비하고 인적역량을 강화해야 한다. 이에 한국생산성본부는 디지털 혁신 체제와 주요 의사결정을 담당할 수 있는 '미래전략위원회'를 조직했다. 임원급으로 구성된 미래전략위원회는 KPC의 디지털 트랜스포메이션에서 가장 상위 조직으로, 디지털 정책, 제도, 예산 및 주요 의사결정을 담당할 뿐만 아니라, 미래 먹거리를 논의하는 중심 역할을 한다.

또한 디지털 혁신을 공격적으로 추진하기 위해 조직을 개편하고 '디지털 혁신 본부'를 신설했다. 이는 디지털 관련 융복합 서비스를 개발하고, 내부 디지털화에 박차를 가하기 위해 만든 조직이다. 미래전략위원회는 내부 인력만으로 디지털 트랜스포메이션을 위한 변화를 이끌어내는 데 한계가 있다고 판단해 외부의 전문 인력을 영입했다. 보수적인 조직에서 디지털 영역의 외부 인력 영입은 매우 파격적인 일이라고 볼 수 있다.

디지털 전략과제 도출 및 구체화

디지털 트랜스포메이션을 위한 과제 도출을 목표로 계획을 수립했다. 먼저, 정보전략계획ISP를 통해 현 시스템을 진단하고 교육 등 각종 사업, 디지털 기술 수준, 업무 방식 등의 변화를 종합적으로 검토 및 분석했다. 업무 영역별, 조직별로 다양한 아이디어를 도출하고, 이를 심사한 후 과제화를 추진했다.

선정된 과제는 미래전략위원회에 보고를 거쳐 승인되었다. 큰 그림은 ISP에서, 세부 과제는 현업에서 도출해 전체를 통합하는 과정을 거치면서 과제를 검증했다. 총 68개 과제를 도출해 내부적으로 검토했는데, 이중 중복된 부분이나 실효성이 적은 과제들을 정리해 최종적으로 62개 과제를 확정했다. 각 과제는 전략적 중요도와 구현 용이성을 기준으로 우선순위를 정했다. 그 후에는 과제별로 상세한 과제정의서를 작성하고, 실행 예산을 편성해 역할을 분담했다. 과제는 우선순위에 따라 4개년 일정 계획으로 재편됐고, 이에 따른 실행은 과제별로 하나씩 이루어지고 있다.

과제별 예산 편성

디지털 혁신과제를 수행하는 데는 많은 비용이 투입된다. 따라서 안정적인 과제 수행을 위해 매년 매출액의 2%를 기준으로 투자 자금을 마련했다. 그 후 클라우드 적용, 정부 정책 과제와의 연계 등을 통해 비용을 효과적으로 사용할 방안도 채택했다. 과제 수행 전에는 시장 조사 과정을 강화해 과제가 구현될 범위를 미리 상정해 적절한 솔루션과 구축사를 선정했다.

현재 사업 구조나 손익 구조로 보면 큰돈이 들어가지만, 경영진은 향후 5년, 10년, 20년 나아가 100년 뒤의 미래 사업을 이끌 플랫폼을 다지는 중요한 과업임을 인지했다. 특히 구성원들은 경영진의 디지털 혁신 필요성 의지를 체감하고 이를 위한 과감한 투자 결정에 참여하면서 디지털 혁신과제의 필요성에 대해 공감할 수 있었다.

신규 사업 개발

내부 프로세스의 디지털화를 넘어, 디지털 트랜스포메이션에 기반한 새로운 디지털 비즈니스 모델이나 상품을 만드는 데에도 뜻을 모았다. 4차 산업혁명과 디지털 트랜스포메이션을 위한 다양한 교육 프로그램 및 교육 서비스 개발, 자격 인증제 확대, 마이크로 러닝이나 플립 러닝 등 새로운 교육 모델에 기반을 둔 프로그램 개발, 인공지능, 빅데이터, 블록체인을 접목한 사업 아이템 발굴 등이 이러한 차원에서 검토되고 있다. 이를 위한 해커톤을 통해 혁신 아이디어 발굴, 협업, 검증 및 테스트 등 실행 가능한 조치들이 연속적으로 이뤄졌다. 마이크로 러닝은 4,500클립 가량 제작되었고, 플립 러닝도 차별화된 콘텐츠로 고객들의 수요를 충족할 방법을 찾고 있다.

인공지능을 접목한 교육 및 컨설팅 서비스를 개발과 함께 개개인의 역량 및 직무 경력 개발을 위한 인공지능 기반의 추천 및 큐레이션 서비스도 개발 중이다. 모바일과 소셜을 통한 마케팅을 강화하는 한편, 디지털 마케팅을 통한 캠페인도 수행하고 있다. 다양한 자격 제도 역시 디지털 시대에 맞게 재편성하는 과정을 거치고 있다.

파트너십 강화

한국생산성본부의 강력한 역량 중 하나는 파트너십이다. 공공, 연구소, 대학, 협회, 기업, 스타트업 등 다양한 기관과 파트너십을 통해 생태계를 만

사진 4.5 한국생산성본부와 협력기관의 업무협약 체결

들고 있다. 특히 디지털 트랜스포메이션에서는 빅데이터, 인공지능, 클라우드, 블록체인, 사물인터넷, 가상현실, 증강현실 등의 분야에서 가장 광범위한 파트너십을 맺고 있다. 이러한 파트너십은 대외적으로 디지털 비즈니스의 경쟁력을 끌어올리고, 대내적으로는 전문성을 강화하는 데 기여한다.

한국생산성본부는 기관들과 업무협약을 통해 협업 기반을 다지는 동시에, 새로운 안건을 발굴하고 과제를 해결하기 위해 토론하고 협력한다. 특히 오픈 이노베이션을 지향하며 외부 전문가 그룹으로 구성된 혁신위원회를 운영하는데, 여기서는 분과별로 아이디어를 모아 검증하고 격의 없는 토론 과정을 거쳐 개선 방안을 제안한다. 이는 내부의 편협한 시각을 넘어서는데 도움을 주며, 진정한 혁신을 위한 동력이 된다.

한국생산성본부가 이룩한 성과

한국생산성본부의 디지털 트랜스포메이션을 위한 노력은 점차 결실을 맺고 있다. 물론 디지털 혁신이 하루아침에 모든 것을 변화시킬 수는 없다. 그럼에도 비즈니스 역량을 갖춰 사업 기반을 다지는 플랫폼을 구축하기 위한 노력은 중장기적으로 볼 때 그 영향력과 성과가 매우 클 것으로 예상한다.

이러한 노력으로 가시화된 성과를 정리해 보면 다음과 같다.

첫째, 디지털 트랜스포메이션 과제를 선정해 구체화하고, 중장기 일정 계획을 확정했다. 과제를 적절히 선정하고, 우선순위를 정하기까지는 많은 시간과 노력이 필요하다. 과제는 디지털 비전과 목표를 달성하는 중요한 수단이기 때문에 과제의 도출 및 채택에는 충분한 토론과 논의가 진행돼야 한다. 이는 조직 구성원에게 학습 과정이자 변화 과정이기 때문에 더욱 중요하다. 조직 구성원이 함께하는 참여형 과제야말로 디지털 트랜스포메이션을 위한 실행이 제대로 이뤄질 수 있다. 한국생산성본부는 이러한 과정을 중시하고 충분한 노력을 기울였다.

둘째, 디지털 관련 신규 프로그램 및 서비스의 개발이다. 앞서 언급한 것처럼, 수십 개의 디지털 기술 관련 과정이 개설됐고, 마이크로 러닝, 플립 러닝 등 새로운 교육 모델에 기반을 둔 새로운 교육 콘텐츠 및 서비스도 시작했다. 특히 시장지향형, 맞춤형 상품과 서비스가 될 수 있도록 소비자의 니즈를 반영했다는 데 주목할 필요가 있다. 이러한 프로그램과 서비스는 앞으로도 지속적으로 업그레이드될 것이다.

셋째, 디지털 기반의 고객 중심 경영을 확대하는 계기를 만들었다. 고객 데이터 통합으로 고객 정보를 하나의 관점에서 파악하기가 쉬워졌다. 소셜네트워크 등 다양한 채널을 통해 홍보하고, 디지털 마케팅을 통한 캠페인 및 타깃 마케팅을 실현하며, 고객에 대한 교차 판매나 업셀링upselling*

---

* **업셀링** 특정한 상품 범주 내에서 고객이 이전에 구매한 상품 또는 희망했던 상품보다 더 비싼 상품을 사도록 유도하는 판매 방식

이 가능한 기반을 구축했다. 특히 인공지능 기술을 접목해 고객 맞춤형 서비스 추천 및 큐레이션이 가능하도록 시스템을 다지고 있다.

넷째, 노후화된 기존 시스템 개편하고 신규 기술을 접목했다. 클라우드, 모바일 등 디지털 기술을 적극 활용하고, 신규 플랫폼 기술을 도입해 새로운 서비스를 수행할 기반을 조성했다. 디지털 관련 부서를 확대 및 개편하고 디지털 기술을 기반으로 한 기획을 강화함으로써 디지털 트랜스포메이션 프로젝트를 효율적으로 진행할 토대를 마련했다.

다섯째, 조직 구성원의 참여를 독려해 조직문화를 변화시키고 있다. 해커톤으로 구성원의 아디이어를 모아 실행 과제에 반영하는가 하면, 아이디어 발굴뿐만 아니라 참여형, 개방형 조직문화를 만드는 데에도 신경을 쓰고 있다. 이 과정을 통해 구성원들의 디지털 이해도가 높아지고 마인드셋을 새롭게 갖추는 등 긍정적인 효과가 발생했다.

여섯째, 파트너 생태계를 구축했다. 이는 한국생산성본부의 중요한 자산이다. 디지털 생태계에 속하지 않으면 도태될 수밖에 없다. 그동안 한국생산성본부는 다양한 조직과 함께 협력을 위한 생태계 조성에 힘 써왔다. 이는 새로운 비즈니스를 창출할 때 강력한 힘을 발휘할 것이다.

한국생산성본부 사례의 시사점

한국생산성본부의 디지털 트랜스포메이션 여정이 주는 시사점은 네 가지로 요약할 수 있다.

첫째, 경영진의 강력한 디지털 리더십이다. 디지털 혁신 경험과 지식, 네트워크가 풍부한 디지털 전문가인 노 회장은 명확한 디지털 비전과 목표를 수립하고, 이를 구성원에게 전파해 변화를 이끌어냈다. 모든 회의와 공식 석상에서 늘 디지털의 중요성을 강조했고, 디지털 트랜스포메이션을 해야 하는 당위성 또한 알려왔다. 이러한 노력은 구성원들에게 영향을 주었다. 처음에는 생소했던 용어가 6개월 후에는 일상 용어처럼 활용됐고, 모든 보고서와 회의 자료에 '디지털'이라는 단어가 빠지지 않았다.

경영진은 비전만 제시하는 것이 아니라, 비전을 실제로 실행하기 위해 필요한 예산, 제도, 시스템에도 관심을 기울였다. 특히 투자 방향과 과제를 명확히 했으며, 장애 요인을 과감히 제거했다.

둘째, 과제 구체화 및 최적화 노력이다. 어떤 과제가 필요한지 계속 탐색하고 토론하며 현장지향형이자 시장지향형 과제들을 정의하고 구체화했다. 과제의 타당성을 분석하기 위해 현업 실무자와 토론하고 협의하는 노력도 기울였다. 중복 과제와 실효성이 부족한 과제는 과감히 정리했다.

셋째, 조직 변화와 인재 혁신이다. 디지털 트랜스포메이션에 적합한 조직으로 과감히 재편하고, 필요한 인력은 외부에서 충원했다. 내부 인력의 디지털 역량 강화를 위해 교육 프로그램을 신설하는 한편, 월례조회에 외부 전문가를 초빙해 디지털 트렌드에 대한 이해도를 높였다. 내부에서는 독서토론 시간을 마련했고, 1인당 월별 한 권의 책을 읽는 독서 캠페인도 실시했다. 인사고과 평가 항목에도 디지털 혁신을 위한 노력과 디지털 인재상에 부합하는지를 포함시켰다. 디지털 트랜스포메이션에서 가장 중요한 요소는 인재 역량임을 놓치지 않기 위함이다.

넷째, 개방형 혁신이다. 내부적으로는 해커톤 등을 활용해 구성원들의 아이디어를 수집하거나 다양한 토론회를 개최했고, 외부적으로는 전문가 그룹을 구성해 협력 체계를 만들었다. 말로만 개방형 혁신을 외치는 게 아니라 실제 협력을 통해 이끌어낸 것이다. 이러한 노력은 한국생산성본부가 디지털 혁신에서 생태계를 조성하는 구심점 역할을 자처했기에 가능했다.

한국생산성본부의 디지털 트랜스포메이션은 현재진행형이다. 이것은 단순한 변화가 아니다. 앞으로 다가올 100년을 위한 플랫폼을 준비하는 대과업이라고 할 수 있다. 새로운 비즈니스 모델 및 기회의 지속적인 탐색, 혁신과 도전의 조직문화 고양, 디지털 인재 육성은 한국생산성본부가 새로운 변곡점에서 또다시 경쟁 우위를 선점할 기반이 될 것이다.

DIGITAL

SMALL

GIANTS

PART 5

새로운 출발을 향하여

"어떤 기업이 성공하느냐 실패하느냐의 차이는
그 기업에 소속된 사람들의 재능과 열정을 얼마나 잘 끌어내는지에 의해
좌우된다고 믿는다."

—

토마스 제이 왓슨, 전 IBM 회장

중소기업 CEO 김혁신 대표, 지금 당장 변화를 시작하다

김혁신 대표는 지금까지의 과정을 통해 디지털 트랜스포메이션에 대한 전반적인 이해도를 높였고 이를 실행하기 위한 방법도 알게 됐습니다. 처음에는 막막했던 사안들이 점점 명확하게 보이기 시작했습니다. 특히 '변화'의 여정에 '사람'이 얼마나 중요한 요소인지 깨닫고 있습니다. 결국 변화도 사람이 하는 것이기 때문입니다.

변화 과정에서는 구성원들이 디지털 비전과 목표를 향해 함께 나아가도록 하면서 저항을 효과적으로 관리하는 일이 중요합니다. 그들은 경험이 많지 않을 뿐더러 도전을 두려워합니다. 사실 김혁신 대표도 본격적인 디지털 트랜스포메이션을 위한 도전에 앞서 부담을 느낍니다. 디지털 전문 인력은 물론 예산과 자원도 부족하기 때문입니다. 기존의 보수적인 문화와 관행의 벽에 부딪혀 조직 내 협업을 끌어내는 일도 쉽지 않을 것입니다.

그러나 이 순간 도전하지 않는다면, 아무것도 얻지 못하고 도태되는 운명에 처할 수 있습니다. 김혁신 대표는 디지털 트랜스포메이션이 돌파구가 될 것이라고 확신합니다. 이것이 조직문화를 바꿀 계기가 될 수 있다는 사실을 누구보다도 잘 알기 때문입니다. 그래서 변화의 여정에 모두 동참해 어려움을 이겨나가고, 성과로 인한 열매를 함께 나눌 미래도 그려봅니다. 김혁신 대표는 도전이 가진 아름다움을 잘 알고 있습니다. 20여 년 전 사업을 처음 시작하던 그 설렘으로, 이제 새로운 변화의 여정에 첫발을 내딛습니다.

이번 장에서는 다음 질문에 대한 답변을 통해 김혁신 대표에게 마지막 조언과 응원을 건네고자 합니다.

- 변화를 위한 장애 요인은 무엇이고, 이를 어떻게 극복할 수 있는가?
- 변화의 성공 요인은 무엇인가?
- 변화의 함정에서 어떻게 벗어날 수 있는가?
- 지금 당장 변화를 시작하기 위해 무엇을 고려해야 할까?

• CHAPTER 01 •

디지털 트랜스포메이션에 성공하는 법

디지털 트랜스포메이션은 크고 작은 변화 여정이다. 디지털 비전과 리더십으로 변화의 싹을 틔우고, 전략 및 과제를 도출하며, 인력, 자금, 기술 등 자원을 투입해 비즈니스 성과를 높여야 한다.

디지털 트랜스포메이션을 위해 필요한 역량은 앞서 자세히 살펴본 바 있다. 경영진은 디지털 이해도를 바탕으로 '디지털'을 경영의 중요 안건으로 정하는 디지털 리더십을 발휘해야 한다. 그 후에는 하향식 방식으로 디지털 비전과 전략을 수립하고, 구성원들과 지속적인 커뮤니케이션을 통해 공감대를 형성해야 한다. 특히 어느 영역에서 디지털 기술을 접목해야 새로운 가치를 창출할 수 있을지 고민이 필요하다.

운영 효율성 제고, 비즈니스 모델 혁신, 고객 접점의 효율화 및 고객 경험 증대, 협업 및 정보 관리 등의 영역에서 디지털 기술을 접목할 기회를 탐색해야 한다. 이 과정에서 도출된 과제를 정리하고 우선순위를 정해 일정을 계획해야 한다. 이를 실행하려면 과제의 세부 정의와 솔루션 모델 선정, 담당 부서 확정, 역할 분담, 자원 배분, 제도화 등의 작업이 뒤따라야 한다. 디지털 기술과 솔루션에 대한 충분한 이해가 필요하며, 각 기술과 솔루션을 적용할 수 있는 영역은 어디인지, 또 어떻게 적용할지 검토해야 한다.

마지막으로 디지털 인재 육성 및 조직문화 개선에 힘을 쏟아야 한다. 조직 구성원의 디지털 이해도를 높이고 다양한 프로그램을 마련해 학습을 장려해야 한다. 특히, 주도적인 역할을 하는 프로젝트 추진 팀에서는 심도 있는 연구와 학습이 필요하다. 보수적이고 변화를 두려워하는 분위기를 도전하고 빠르게 시도하는 분위기로 바꿔야 한다. 이때 성공 요인을 잘 파악해 변화를 성공적으로 이끌도록 노력하는 것이 중요하다.

변화 관리의 복잡성 이해

성공적인 변화를 이끄는 일은 고도화된 디지털 기술 자체보다 중요하다. 변화의 방향은 경영진의 리더십과 비전, 전략에 달렸지만, 변화의 실행은 조직, 제도, 인력, 자금 등 다양한 자원 조직화와 최적화를 요구한다. 이때 모든 것의 중심에 '사람'이 있다는 사실을 기억해야 한다. 조직 내에서 변화의 추진이 어려운 이유는 무엇일까? 변화는 단순히 디지털 기술과 솔루션 도입에서 그치는 것이 아니기 때문이다. 변화에는 비즈니스 모델, 조직, 인력, 제도 등 다양한 요소가 결부되어 있다.

예를 들어, 그림 5.1에서 보듯 각각이 독립되어 있으면 하나의 요소(A)의 변화를 이끌어내기란 어렵지 않다. 그러나 다른 요소들과 결부되어 있다

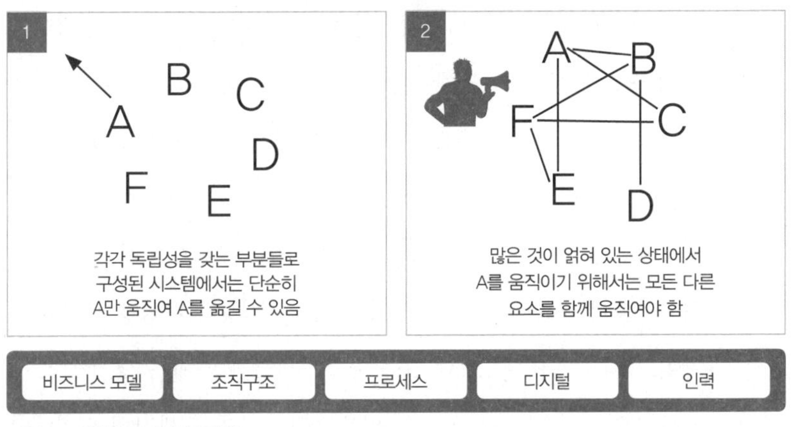

그림 5.1 변화 관리의 복잡성

면 변화는 쉽게 일어나지 않는다. 중요한 혁신 프로젝트와 마찬가지로 디지털 트랜스포메이션 역시 복잡하게 연계된 요소들을 고려해 변화를 수행해야 한다.

특히, 디지털 트랜스포메이션이 불러오는 변화에는 디지털 기술과 솔루션이라는 생소한 영역이 포함되므로, 좀 더 많은 노력이 필요하다. 특히 이 변화에 사람이 결부되어 있다는 점을 고려해 구성원의 디지털 이해도를 높이고, 저항을 관리하며, 지속적으로 교육하는 데 노력을 기울여야 한다.

변화 과정의 관리

변화의 시작은 어렵고 과정은 혼란스럽지만 그 끝은 아름답다. 이 과정을 잘 관리하려면 어떤 노력이 필요할까?

변화 과정은 크게 변화 준비 및 계획, 변화 수행, 안정화 단계로 이뤄진다. 먼저 변화 준비 및 계획 단계에서는 변화의 필요성을 인식하고, 방향을 공유하며, 추진을 위한 계획을 세워야 한다. 변화 수행 단계에서는 저항을 줄이면서 안정적으로 실행할 수 있도록 모니터링한다. 마지막 안정화 단계에서는 변화를 평가하고 조직에 정착시키는 노력을 해야 한다.

변화 과정에서 활용할 수 있는 변화 관리 도구에는 두 가지 방안이 있다. 하나는 의사소통과 교육 프로그램, 지지와 지원, 설득 등 가볍게 접근할 수 있는 방안이고, 다른 하나는 보상, 조직 변화, 제도 변화 등 구조적으로 접근해야 하는 방안이다. 전자를 꾸준히 활용하면서 후자도 과감히 도입해야 한다.

가장 어려운 부분 중 하나는 변화를 둘러싼 저항이다. 사람들은 변화에 대한 두려움, 업무 과부하, 이질감 등을 이유로 변화에 저항한다. 특히 보수적인 조직문화는 저항을 이끄는 외부 요소로 작용한다. 이를 잘 관리해야만 프로젝트를 성공적으로 추진할 수 있다.

변화는 누구에게나 두려운 일이다. 많은 기업이 디지털 분야로 변화하는 과정에서 어려움을 겪는다. 투자가 많이 소요된다는 이유로, 디지털로 만든 성과의 규모가 작다는 이유로, 자칫 디지털에 익숙하지 않은 이들을 위협할 수 있다는 이유로 말이다. 하지만 디지털 트랜스포메이션을 외면하는 것이야말로 회사와 구성원의 미래에 더 큰 위험을 초래한다는 사실을 잊어서는 안 된다. 디지털이 만들어 내는 새로운 움직임을 제대로 경험하고 싶다면, 리더와 조직 구성원들은 이러한 두려움과 공포에 맞서야만 한다.

그렇다면 어떤 경우에 변화에 대한 저항이 나타날까? 또한 이를 효과적으로 해결하는 방안은 무엇일까? 네 가지로 나누어 살펴보자.

첫째, 인지적 장애가 있는 경우이다. 이는 조직 구성원들이 현 상태에 집착해 전략적 이동의 필요성을 인식하지 못하는 데서 기인한다. 이 현상이 나타나는 경우에는 구성원들이 직접 변화의 필요성을 인식하고 공감할 수 있도록 현실을 보고, 느끼는 방법을 바꿀 필요가 있다. 다양한 방법을 통해 각종 성공 사례나 경쟁사의 사례, 산업 변화 동향, 디지털 변화 영향 등을 소개하면서 공감을 끌어내야 한다.

둘째, 자원 장애가 있는 경우이다. 이는 전략 변화에 따라 많은 자원이 필요할 것이라고 예상해 혁신에 이르지 못하는 결과를 낳는다. 이때는 적은 자원으로 높은 잠재 실적을 낼 수 있는 영역에 자원을 재분배해 성과를 보여줘야 한다. 중소기업은 인력, 자금 등 모든 자원에 있어 부담을 느낄 수 있기에 많은 중소기업이 자원의 장애를 경험한다.

따라서 내부 유보금, 정책 자금, 공동 투자, 외부 펀딩 등 다양한 방법을 동원해 자금 조달 방안을 마련하고, 과제의 우선순위에 따라 투자를 집행해야 한다. 적은 노력으로 빠른 성과를 보일 수 있는 과제를 초기에 수행하는 편이 좋다.

셋째, 동기 부여의 장애이다. 이는 조직 내 핵심 인물이 신속하고 꾸준하게 현 상황을 타파하지 못해 생기는 문제이다. 이를 해결하려면 업무적으로 핵심 위치에 있는 인물에 중요한 역할을 부여해야 하고, 다양한 동기 부여 수단을 마련해 참여를 유도해야 한다. 승진, 승격과 같은 신분적 보상을 비롯해 인센티브 등 금전적 보상과 칭찬, 포상과 같은 정신적 보상도 고려해야 한다. 또한 영감을 불러일으키는 비전 제시도 자발적 참여를 유도하는데 중요한 요인이 된다.

넷째, 정치적 장애이다. 이는 전략적 변화로 기존의 지위를 잃는 계층의 강력한 저항을 의미한다. 정치적 장애는 매우 복잡한 문제를 야기할 수 있다. 따라서 최고경영자는 변화를 추진하는 팀에 강력한 힘을 실어줘야 하고, 이러한 저항은 조직에 도움이 되지 않는다는 사실을 설득 및 경고해야 한다. 오히려 이때 미적지근하게 대응한다면 구성원들은 변화 과정 내내 힘들고 고통스러운 상황에 처할 것이다.

변화에 성공하기 위한 매트릭스 설계

변화에 성공하기 위해서는 변화를 구성하는 요인들을 종합적으로 살펴봐야 한다. 이때, 변화 매트릭스는 성공 요인이 무엇이고, 특정 부분이 취약할 경우 어떠한 결과를 초래하는지 보여준다(그림 5.2). 변화 매트릭스를 설계하기에 앞서 우선 변화의 필요성을 인식해야 한다. 그래야 변화를 향한 명확한 비전 및 변화 가능성에 대한 신념을 가지고 계획을 실천할 수 있기 때문이다.

만약, 조직 안에서 변화의 필요성을 충분히 인식하지 못하고 있다면, 구성원들은 방관자가 되기 쉽다. 변화에 대한 명확한 비전이 없다면 구성원들은 혼란에 빠질 것이다. 또한 조직 내에 변화 가능성에 대한 신념이 없다면 구성원들은 회의를 품을 수 있고, 계획을 실행할 힘이 없다면 좌절을 경험할 것이다.

조직 구성원이 변화 과정에서 방관자에 머무른다는 판단이 들 때는 변화에 대한 필요성을 알리기 위해 다양한 프로그램과 활동을 조직해야 한다. 이처럼 변화 매트릭스는 변화의 성공 요인과 결과와의 관계를 파악해 변화 과정에서 발생하는 문제에 대응하도록 돕는다.

그림 5.2 변화 관리 법칙: 변화 매트릭스 활용하기

변화 속 함정에서 벗어나기

변화의 과정에는 각종 함정이 도사리고 있다. 그중에서도 쉽게 빠질 수 있는 네 가지 함정은 다음과 같다.

첫째, 기술만능주의의 함정이다. 디지털 기술은 매우 빠르게 발전하고 있으며, 혁신적이기에 파급 효과 역시 크다. 예를 들어, 머신러닝, 딥러닝과 같은 인공지능 기술은 발전 속도가 빠르고 응용 분야도 매우 넓다. 따라서 인공지능을 도입하기만 하면 운영 효율성 제고, 획기적인 비즈니스 모델의 개발이나 신제품·신서비스 개발, 고객 경험 증대 등의 효과가 그대로 따라 온다고 착각할 수 있다.

그러나 아무리 좋은 기술이라고 해도 자사의 비즈니스 이슈를 해결해야 하며, 성과와 가치를 창출할 수 있어야 한다. 모든 출발점은 비즈니스 관점과 고객 관점이다. 비즈니스에서 출발하지만 적합한 솔루션을 도출하려면 차세대 디지털 기술에 대한 이해도가 필요하다. 이때 주의할 점이 디지털 기술 만능주의에 빠져서는 안 된다는 것이다.

둘째, 막연한 비전과 전략의 함정이다. 이는 명확한 비전이나 전략 없이 트렌드에 휩쓸리는 것을 가리킨다. 애자일 방식에 근거해 많은 것을 빠르게 시도해 보고 의사결정을 내리는 것은 바람직하지만, 전략 없이 무조건 덤벼들거나 일단 하고 보자는 방식은 결코 바람직하지 않다(그림 5.3). 현재 상태를 둘러싼 냉철한 판단과 문제 의식, 잘 짜인 전략이 필요하다.

디지털 기술을 활용해 변화를 추진할 때는 이상과 현실 사이에서 균형을 잡을 수 있도록 주의를 기울여야 한다. 현실적인 기대가 충분히 반영되지 않은 프로젝트는 겉으로는 그럴듯해 보이더라도 디지털 트랜스포메이션을 성공으로 이끌 수 없다. 인공지능, 빅데이터, 사물인터넷, 클라우드 등 기술에 대한 현실적인 인식과 기대가 없다면 프로젝트에 엄청난 실수를 가져올 수 있음을 명심해야 한다.

그림 5.3 막연한 비전과 전략의 함정

바스Vaasu Gavarasana 교수는 이를 소위 '디지털 립스틱Digital Lipstick'이라고 부른다. 기존 비즈니스 모델과 프로세스는 바꾸지 않으면서 디지털 트랜스포메이션을 하는 것처럼 포장하는 현상을 풍자하는 말이다. 우리는 이 디지털 립스틱 현상을 경계해야 한다.

따라서 경영진은 냉철한 시각으로 문제를 바라보고 끊임 없이 성찰해야 하며, 다양한 사례를 통해 디지털 기술의 적합성을 분석해야 한다. 디지털 트랜스포메이션은 가볍게 취급할 사안이 아니며, 상당한 투자 수익ROI을 내지 않으면 낭비되는 비용이 많아지기 때문이다.

셋째, 일상 매몰의 함정이다. 이는 일상에서 이미 많은 일을 하기 때문에, 혹은 기존 방식이 편하기 때문에 변화에 동참할 수 없다고 생각하는 것이다. 구성원들은 많은 일을 하고 있음에도 새로운 변화를 위해 여러 가지 일을 더 해야 한다고 여겨 저항한다. 더 나은 업무 방식을 만들거나 업무 혁신으로 더 좋은 성과를 얻을 수 있음에도 이 저항에 밀려 새로운 가치와 기회를 포기하게 된다.

넷째, 방관의 함정이다. 디지털 트랜스포메이션이라는 변화를 이끌려면 많은 조직과 인력이 필요하다. 또한 이들 간의 적절한 역할 분담과 실행은 무엇보다 중요하다. 말만 하는 사람, 한번 두고 보자는 사람, 내 일이 아니니까 관심없다는 사람, 내가 아니어도 누군가 할 것이라 생각하는 사람들로 가득 찬 프로젝트는 반드시 실패한다.

특히 디지털 트랜스포메이션의 경우에는 다수의 사람이 인공지능, 빅데이터, 모바일, 사물인터넷이라는 용어 때문에 디지털 기술 관련 부서가 주도해야 한다고 생각한다. 하지만 디지털 기술 관련 부서가 아니라, 업무 담당 부서가 주체가 되어야 한다. 이때 조직 구성원 모두가 같이 참여하고 만들어 나가는 공동 과제라는 인식과 사명감이 필요하다.

이 모든 변화 과정에서 경영자의 역할은 매우 중요하다. 기업의 주요 의사결정자가 디지털 혁신을 주도해야 하기 때문이다. 특히 필요한 재원 확보, 변화 적응을 위해 필요한 훈련, 조직문화와 구성원의 마음가짐 변화, 유능한 인력의 발굴과 배치 등 중대한 결정 사항에서는 최고경영자의 의사가 전체 방향 설정에 있어서 큰 영향을 미친다.

다음으로, 디지털 트랜스포메이션의 과정에서 장애가 되는 요인을 살펴보자.

한 조사에 따르면, 디지털 트랜스포메이션의 걸림돌에는 디지털 전문 인력과 역량 부족, 예산과 자원의 부족, 위험 회피 성향의 기업문화, 조직 내 지원과 협업 부족, 경직된 기존 디지털 기술 관련 시스템, 조직 내 지원과 협업 부족, 기존 법규와 제도 등이 있는 것으로 나타났다. 그중에서도 네 가지 장애 요인을 살펴보고자 한다(그림 5.4).

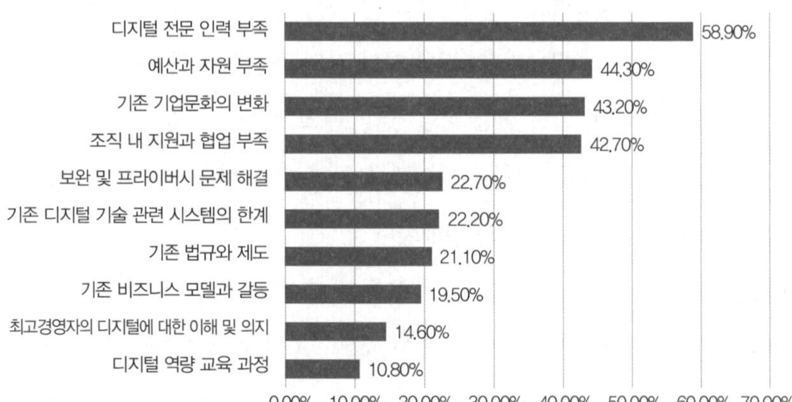

그림 5.4 디지털 트랜스포메이션의 장애 요인(자료: 투이컨설팅 Y세미나 '디지털 탈바꿈 의식수준 조사', 2018년 9월)

첫째, 디지털 전문 인력과 역량 부족이다. 디지털 트랜스포메이션을 위해서는 반드시 디지털 전문 인력이 필요하다. 현실적인 여건이 어렵다면, 내부적으로 우수한 핵심 인력을 3~5명 정도 선발해 집중 육성하는 과정이 필요하다. 외부 교육과 세미나 참석을 권장하는 한편, 유튜브, 논문 등 다양한 자료와 도서 등을 활용해 약 3개월간 학습 기회를 집중 보장하는 게 좋다. 이들은 디지털 변화 추진자가 되어 조직 내 디지털 전도사 역할을 수행해야 한다.

둘째, 예산과 자원의 부족이다. 디지털 트랜스포메이션에는 많은 비용이 든다. 그렇기에 주어진 예산으로 최적의 효과를 낼 수 있는 부분에 투자하는 것이 매우 중요하다. 자금이 부족한 중소기업의 경우 정부의 정책 자금 지원, 외부 펀딩, 공동 투자, 대학 및 연구소와의 협력 등 다양한 방법으로 이를 수행할 수 있다.

처음에는 자금 문제로 투자에 어려움이 생길 수 있다. 하지만 초기에 업무 혁신으로 인한 생산성 제고, 신제품이나 신서비스 개발, 고객 만족 중 하나라도 성과를 낸다면 선순환 사이클도 만들 수 있을 것이다.

셋째, 위험 회피 성향의 기업문화이다. 디지털 트랜스포메이션을 추진할 때 가장 힘든 부분 중 하나이다. 대부분 보수적이고 변화를 싫어하는 조직에서 위험을 감수하는 도전적인 분위기를 만들기란 여간 어려운 일이 아니다.

그렇기에 더욱 디지털 트랜스포메이션은 도전적이고 실험적이며 빠른 시도가 필요하다는 점을 기억해야 한다. 경영진의 강력한 의지와 리더십, 조직 구성원의 참여 유도, 작은 성취를 통한 자신감 고취, 실패를 두려워하지 않고 학습 기회로 전환하는 제도와 분위기, 성과에 대한 보상 등은 조직문화의 변화를 끌어내는데 중요한 요소가 될 것이다.

넷째, 조직 내 지원과 협업 부족이다. 거창한 구호나 보기 좋은 비전을 내세운다 하더라도 조직 차원에서 지원이 필요한 부분에 대한 고려가 없다면 실행력을 가질 수 없다. 디지털 트랜스포메이션에서 특정인이나 특정 조직으로만 해결할 수 있는 과제는 거의 없다. 오히려 조직 간 협업이 필수인 경우가 대다수다. 따라서 경영진은 강력한 지원 의지를 보여주면서 협력과 소통이 잘 이루어지는 분위기를 조성해야 한다.

이와 반대로 성공 요인을 살펴보면, 디지털 전문 인력, 디지털 역량 확보, 최고경영자의 디지털 이해 및 의지가 가장 큰 비중을 차지했다. 최고경영자의 디지털 이해 및 의지는 부족에 따른 장애 요인이라기보다는 성공을 위한 필수 요인이다.

• CHAPTER 02 •

디지털 강소기업을 향해 나아가자

그동안 디지털 트랜스포메이션은 무엇인지, 과연 중소기업에서도 디지털 트랜스포메이션이 가능할지 살펴보았다. 디지털 비전과 리더십, 디지털 전략과제 추진, 디지털 혁신 영역, 디지털 기술과 솔루션, 인적역량과 조직문화 등 디지털 트랜스포메이션을 위한 다섯 가지 역량 요소에 대해서도 요소별 세부 검토 사항과 자가 진단법 및 관련 사례를 함께 검토했다.

또한 디지털 트랜스포메이션의 실질적인 추진 방법과 팁, 다양한 성공 요인에 대해서 확인하고, 국내외 사례를 통해 통찰력을 얻을 기회도 갖고자 노력했다. 이 과정이 디지털 트랜스포메이션의 가치와 이해도를 높이는 데 도움이 되었을 것이라 확신한다.

'디지털 혁신'이라는 멋진 연주를 할 수 있도록 오케스트라를 이끄는 지휘자는 경영자이다. 모든 혁신이 그렇듯, 디지털 혁신에서도 강력한 리더십의 발휘는 매우 중요하다. 그만큼 해야 할 일도, 극복해야 할 문제도 많기 때문이다. 디지털 혁신을 이끄는 리더는 강력한 디지털 비전을 제시하고, 디지털 인재를 육성하며, '실험적, 분권적, 협력적, 기민성, 데이터 기반'을 기치로 삼아 조직문화를 변화시켜야 한다.

그러나 디지털 혁신에서 가장 중심이 되는 것은 '디지털 기술'보다 '비즈니스'와 '고객'에 대한 깊은 이해라는 사실을 잊어서는 안 된다. 디지털 혁신이 이뤄지는 전 과정에서 이 두 가지는 늘 경영자가 의사결정을 내리는 기준이 되어야 한다.

고객과 비즈니스에 대해 더욱 깊은 이해와 통찰이 가능하려면 어떻게 해야 할까? 답은 '데이터'에 있다. 빅데이터, 사물인터넷, 인공지능, 소셜네트워크, 모바일 등 새로운 디지털 기술은 데이터를 폭발적으로 증가시켰다. 이러한 데이터를 분석하는 역량은 비즈니스와 고객에 대한 통찰력을 높이는 데 크게 기여했다. 직관과 경험에 의존한 불완전한 판단이 아니라, 데이터에 근거해 객관적이고 과학적인 의사결정이 가능해진 것이다. 이제는 데이터에 강한 기업이 곧 디지털에 강한 기업이다.

경영진은 디지털 혁신 과정에서 데이터 이해도가 높은 리더십을 구성하고, 조직 구성원들이 데이터에 기반해 학습하고 토론할 수 있는 분석 체계 및 역량 개발의 장을 마련할 필요가 있다. 데이터 마인드를 확산하고 디지털 혁신의 성과를 피부로 느낄 수 있도록 해야 한다. 디지털 혁신의 성과도 '데이터'를 통해 분석하고 답을 얻어야 한다.

이제 '디지털 트랜스포메이션'이라는 새로운 출발을 향해 도전할 시기가 왔다. 출발에 앞서 다음 다섯 가지를 다시 한번 강조하고자 한다.

첫째, 강력한 디지털 리더십이 필요하다. 앞서 수차례 언급한 것처럼 '디지털 트랜스포메이션'이라는 변화의 출발점은 경영자이다. 경영자는 디지털에 대한 이해와 디지털 혁신이 가져올 변화에 대한 확신이 있어야 하며, 이를 실행할 때 하향식 방식을 활용해야 한다. 특히 조직 내에서 각종 변화를 어떻게 실현할 수 있을지를 두고 비전과 전략, 방향성을 분명하게 다져야 한다. 여기에 강인한 '기업가정신'이 결합한다면 반드시 디지털 혁신을 성공적으로 이끌 수 있을 것이다.

둘째, 지금 당장, 디지털 혁신을 시작해야 한다. 머리로만 이해하는 데 그치지 말고 반드시 실행하고 도전해야 한다. 이러한 시도는 전적으로 경영진의 몫이며, 실행을 방해하는 모든 심리적 장벽을 무너뜨려야 한다. 경영진이 먼저 디지털 비전과 리더십을 선보이지 않는다면 시작할 수가 없다. 지금 이 순간, 새로운 도약을 위한 디지털 트랜스포메이션을 가장 중요한 안건으로 올려야 한다. 큰 그림을 그리되, 작게 시작할 것을 권한다. 작지만 의지와 믿음을 보인 시도가 성공하면 구성원들은 자신감과 도전 의식을 가질 것이다.

셋째, 함께 가면 멀리 갈 수 있다. 디지털 트랜스포메이션 과정은 하나의 여정이다. 시간도 걸리고 다소 힘든 과정이기에 혁신에 따른 피로감을 느낄 수 있다. 그러나 함께 간다면 더욱 멀리 갈 수 있다는 사실을 기억하자. 조직 구성원의 적극적인 참여를 유도하는 다양한 방안을 모색할 필요가 있다. 해커톤 등을 통해 참여를 독려하고, 이 과정에서 구성원 모두가 하나라는 공동체 의식을 갖도록 노력해야 한다.

과감한 동기 부여 방법에 대해서도 함께 고민하는 것이 바람직하다. 디지털 트랜스포메이션은 조직문화를 변화시키는 기회가 될 수 있기 때문이다. 기술 만능주의는 위험하지만, 잘만 사용한다면 기술은 조직문화를 바꾸고 조직의 생존력을 키울 수 있다.

이렇듯 모두가 함께하는 디지털 트랜스포메이션은 구성원들의 도전 의식과 혁신 의지를 끌어올릴 수 있다. 내적 동기가 충만하다면, 그 누구도 의지와 열정을 막지 못한다.

넷째, 오픈 이노베이션 조직으로 변신해야 한다. 디지털 트랜스포메이션은 오픈 이노베이션이 필요하기 때문에 외부 파트너 네트워크를 지속적으로 만들어야 한다. 네트워크가 곧 힘으로 인정받는 시대다. 모든 것을 내부 자원과 노력으로 해결하려는 함정에 빠져서는 안 된다. 외부에는 우리가 필요로 하는 아이디어와 자원이 있고, 협력하면 시너지를 낼 수 있는 기회도 많다. 비즈니스 모델 개발이나 신제품 개발 시 전문기관, 연구소, 대학, 전문가 집단과 적극적으로 협력하기를 권한다.

다섯째, 지속적인 혁신을 거듭하며 성장을 향해 달려가야 한다. 어떠한 비즈니스 모델도 영원할 수 없다. 혁신 DNA를 지속적으로 심지 않는다면, 조직은 단기간의 생존 위협을 벗어날 수는 있지만 꾸준한 발전과 성장을 하기는 어렵다. 디지털 트랜스포메이션을 통해 조직 한가운데 혁신 DNA를 심을 수 있기를 바란다. 비즈니스 모델과 제품, 서비스, 고객의 성향은 변할 수 있다. 그러나 혁신 DNA는 어떠한 상황에서도 기업의 생존과 번영을 위한 가장 강력한 무기가 될 것이다.

오늘도 기업의 생존과 성장을 위해 불철주야 고군분투하는 이 땅의 모든 기업의 CEO분들께 경의를 표하며, 디지털을 향한 도전이 새로운 희망이 되기를 간절히 기원한다.

부록

01 디지털 트랜스포메이션 역량 측정도구

(KPC DT Capability Assessment Toolkit®)

02 참고자료

평가 지침

- 평가 방법
  - 방법1 : 디지털 혁신 관련 또는 유관부서 담당자 3명 이상이 각자 평가 후 평균 집계
  - 방법2 : 각 체크리스트에 대해 3명 이상이 설명을 듣고 협의해 평가, 집계
- 유무: 해당되지 않는 항목은 '유무'란에 X 표시
- 평가 척도: 매우 부정(1), 부정(2), 보통(3), 긍정(4), 매우 긍정(5) 기준으로 등급 숫자 입력
- 평가 기준: 미흡 단계(2미만), 초기 단계(2이상~3.0미만), 기반 구축 단계(3.0이상~3.7미만), 강화 단계(3.7이상~4.4미만), 고도화 단계(4.4이상)

디지털 트랜스포메이션 역량 측정도구

(KPC DT Capability Assessment Toolkit®)

1. 디지털 비전과 리더십 체크리스트

항목	평점(5점 만점)	평가
디지털 비전과 목표(6)		
디지털 리더십(7)		

항목	체크리스트	유무	평가
디지털 비전과 목표(6)	우리 조직은 디지털 비전과 목표가 명확하다.		
	우리 조직의 디지털 비전과 목표는 경영목표 및 전략과 잘 정렬되어 있다.		
	우리 조직의 디지털 비전과 목표는 추구하는 가치와 성취된 이미지를 잘 보여준다.		
	우리 조직의 디지털 비전과 목표는 명시적으로 기술되어 있다.		
	우리의 디지털 비전과 목표는 구성원들에게 공유되고 있다.		
	우리의 디지털 비전과 목표는 구성원들에게 동기부여를 제공하고 있다.		
디지털 리더십(7)	우리 조직의 경영진은 디지털 변화에 대한 이해도를 가지고 있다.		
	우리 조직은 경영진은 디지털 혁신을 주요한 어젠다로 생각하고 다룬다.		
	우리 조직은 경영진의 디지털 비전과 목표에 대한 의지가 분명하다.		
	우리 조직의 경영진은 디지털 변화에 대한 성과에 확신을 가지고 있다.		
	우리 조직의 경영진은 디지털 관련 어젠다에 대한 투자에 적극적이다.		
	우리 조직은 디지털 정책과 의사결정을 위한 거버넌스를 갖추고 있다.		
	우리 조직은 디지털 정책과 과제를 리드할 역량있는 임원(CDO)이 있다.		

2. 디지털 전략과제 체크리스트

항목	평점(5점 만점)	평가
전략과제 체계화 및 우선순위(9)		
전략과제 추진 실행력(13)		

항목	체크리스트	유무	평가
전략과제 체계화 및 우선 순위(9)	우리 조직의 디지털 전략과제는 디지털 비전과 목표에 적절히 연계되어 있다.		
	우리 조직의 디지털 전략과제는 비즈니스 환경과 특성을 잘 반영하고 있다.		
	우리 조직의 디지털 전략과제는 동종업계 및 경쟁자의 변화를 잘 반영하고 있다.		
	우리 조직의 디지털 전략과제는 고객의 가치를 극대화하는데 초점이 맞춰 있다.		
	우리 조직의 디지털 전략과제는 체계화되어 있다.		
	우리 조직은 디지털 전략과제가 구체적으로 정의되어 있다.		
	우리 조직의 디지털 전략과제에 대한 분명한 우선순위 설정 기준을 가지고 있다.		
	우리 조직의 디지털 전략과제는 우선순위가 명확히 설정되어 있다.		
	우리 조직은 디지털 전략과제 실행을 위한 년차별 일정 계획을 보유하고 있다.		
전략과제 추진 실행력 (13)	우리 조직의 디지털 전략과제는 오너십(역할과 책임)이 분명히 설정되어 있다.		
	우리 조직의 디지털 전략과제는 실행 예산이 적절히 반영되어 있다.		
	우리 조직은 정기적으로 디지털 전략과제에 대해 검토하고 갱신한다.		
	우리 조직은 디지털 전략과제의 수행 현황과 진도를 체계적으로 모니터링한다.		
	우리 조직은 디지털 전략과제의 성과에 대한 평가지표(KPI)가 정립되어 있다.		
	우리 조직은 디지털 전략과제의 성과에 대한 평가 결과가 적절히 피드백된다.		
	우리 조직은 디지털 전략과제의 성과에 따라 적절한 보상이 제공되고 있다.		
	우리 조직은 디지털 전략과제의 성과 전파를 위한 이벤트 등 프로그램을 갖췄다.		
	우리 조직은 디지털 전략과제의 수행에 필요한 자원을 적절히 지원하고 있다.		
	우리 조직은 디지털 전략과제를 수행하기 위한 담당 조직과 전문 인력이 있다.		
	우리 조직은 디지털 전략과제를 수행하기 위해 필요한 제도 등을 정비하고 있다.		
	우리 조직은 디지털 전략과제 수행을 위한 적절한 자금 조달 계획을 보유하고 있다.		
	우리 조직은 정부 등 외부기관의 디지털 전환 지원 정책 및 자금을 잘 활용하고 있다.		

3. 디지털 혁신 영역 체크리스트

(A) 디지털 혁신 영역에 대한 현재 수준 평가

항목	평점(5점 만점)	평가
운영 효율성 혁신(16)		
비즈니스 모델 혁신(6)		
고객경험증대(7)		
협업과 정보관리(4)		

항목	체크리스트	유무	평가
운영 효율성 혁신(16)	우리 조직의 업종 특성 프로세스는 디지털 기술과 솔루션으로 처리되고 있다.		
	우리 조직은 연구개발부터 생산까지 수직적 프로세스가 통합되어 있다.		
	우리 조직은 공급망 관리부터 고객 납품까지 수평적 프로세스가 통합되어 있다.		
	우리 조직은 연구개발, 설계가 디지털 기술과 솔루션으로 처리되고 있다.		
	우리 조직은 수요 예측 및 조사가 디지털 기술과 솔루션으로 처리되고 있다		
	우리 조직은 주문 처리가 디지털 기술과 솔루션으로 처리되고 있다.		
	우리 조직은 구매 처리, 재고 관리가 디지털 기술과 솔루션으로 처리되고 있다.		
	우리 조직은 생산작업 지시, 제조 공정, 실적 관리가 디지털 기술과 솔루션으로 처리되고 있다.		
	우리 조직은 품질 관리가 디지털 기술과 솔루션으로 처리되고 있다.		
	우리 조직은 자산,설비 관리가 디지털 기술과 솔루션으로 처리되고 있다.		
	우리 조직은 수금, 지급 처리가 디지털 기술과 솔루션으로 처리되고 있다.		
	우리 조직은 원가 및 수익성분석이 디지털 기술과 솔루션으로 처리되고 있다.		
	우리 조직은 마감과 결산이 적시에, 적절하게 이루어지고 있다.		
	우리 조직은 인사 및 급여관리가 디지털 기술과 솔루션으로 처리되고 있다.		
	우리 조직은 운영프로세스로부터 데이터의 정합성이 확보되어 있다.		
	우리 조직은 원하는 시기에, 원하는 데이터를 수집, 가공할 수 있다.		
비즈니스 모델 혁신(6)	우리 조직은 디지털 기술에 의한 제품과 서비스의 혁신에 관심이 많다.		
	우리 조직은 기존 제품과 서비스에 디지털 기술(센서, 인공지능, 로봇, 빅데이터 등)을 접목하는 시도를 하고 있다.		

항목	체크리스트	유무	평가
비즈니스 모델 혁신(6)	우리 조직은 디지털 기술 접목을 통한 신제품, 신기술에 의한 비즈니스 창출을 시도한다.		
	우리 조직은 디지털 채널을 통해 가치 전달 방식의 변화를 시도한다.		
	우리 조직은 디지털 기술을 활용한 융합을 시도하고 있다.		
	우리 조직은 디지털 신기술을 비즈니스에 접목하고 테스트할 조직과 인력이 있다.		
고객 경험 증대 (7)	우리 조직은 고객 데이터가 통합되어 데이터베이스 내에 관리된다.		
	우리 조직은 고객 데이터와 정보의 최신성이 항상 유지된다.		
	우리 조직은 고객의 개인화 및 맞춤형 서비스가 가능하다.		
	우리 조직은 고객 접점 채널에서 디지털 기술이나 솔루션을 활용한다.		
	우리 조직은 디지털 기반 마케팅(캠페인) 활동이 이루어진다 .		
	우리 조직은 디지털 기반 영업 활동이 이루어진다.		
	우리 조직은 디지털 기반 고객 서비스 활동이 이루어진다.		
협업과 정보 관리 (4)	우리 조직은 협업 등을 위한 디지털 기술이나 솔루션을 활용한다.		
	우리 조직은 온라인에서 정보나 지식을 통합적으로 관리하고 활용한다.		
	우리 조직은 필요한 지식과 정보를 즉시 검색하고 얻을 수 있는 환경을 제공한다.		
	우리 조직의 승인은 지정된 승인 프로세스와 승인자를 통해 온라인에서 이루어진다.		

(B) 디지털 혁신 영역에서 도입 기회나 영향도에 대한 수준 평가

항목	체크리스트	유무	평가
운영 효율성 혁신(16)	우리 조직의 업종 특성 프로세스는 디지털 기술과 솔루션으로 혁신의 기회나 강도가 크다.		
	우리 조직이 속한 산업 내의 기업들은 연구개발부터 생산까지 수직적 프로세스가 통합되어 있다.		
	우리 조직이 속한 산업 내의 기업들은 공급망 관리부터 고객 납품까지 수평적 프로세스가 통합되어 있다.		
	우리 조직은 연구개발, 설계가 디지털 기술과 솔루션으로 혁신의 기회나 강도가 크다.		
	우리 조직은 수요 예측 및 조사가 디지털 기술과 솔루션으로 혁신의 기회나 강도가 크다.		
	우리 조직은 주문 처리가 디지털 기술과 솔루션으로 혁신의 기회나 강도가 크다.		

항목	체크리스트	유무	평가
운영 효율성 혁신(16)	우리 조직은 구매 처리, 재고 관리가 디지털 기술과 솔루션으로 혁신의 기회나 강도가 크다.		
	우리 조직은 생산작업 지시, 제조 공정, 실적 관리가 디지털 기술과 솔루션으로 혁신의 기회나 강도가 크다.		
	우리 조직은 품질 관리가 디지털 기술과 솔루션으로 혁신의 기회나 강도가 크다.		
	우리 조직은 자산, 설비 관리가 디지털 기술과 솔루션으로 혁신의 기회나 강도가 크다.		
	우리 조직은 수금, 지급 처리가 디지털 기술과 솔루션으로 혁신의 기회나 강도가 크다.		
	우리 조직은 원가 및 수익성 분석이 디지털 기술과 솔루션으로 혁신의 기회나 강도가 크다.		
	우리 조직은 마감과 결산이 디지털 기술과 솔루션으로 혁신의 기회나 강도가 크다.		
	우리 조직은 인사 및 급여 관리가 디지털 기술과 솔루션으로 혁신의 기회나 강도가 크다.		
	우리 조직은 운영 프로세스로부터 데이터의 정합성이 디지털 기술과 솔루션으로 혁신의 기회나 강도가 크다.		
	우리 조직은 원하는 시기에, 원하는 데이터를 수집, 가공함에 있어 디지털 기술과 솔루션으로 혁신의 기회나 강도가 크다.		
비즈니스 모델 혁신(6)	우리 조직이 속한 산업 내의 기업들은 디지털 기술에 의한 제품과 서비스의 혁신에 관심이 많다.		
	우리 조직이 속한 산업 내의 기업들은 기존 제품과 서비스에 디지털 기술(센서, 인공지능, 로봇, 빅데이터 등)을 접목하는 시도를 하고 있다.		
	우리 조직이 속한 산업 내의 기업들은 디지털 기술 접목을 통한 신제품, 신기술에 의한 비즈니스 창출을 시도한다.		
	우리 조직이 속한 산업 내의 기업들은 디지털 채널을 통해 가치 전달 방식의 변화를 시도한다.		
	우리 조직이 속한 산업 내의 기업들은 디지털 기술을 활용한 융합을 시도하고 있다.		
	우리 조직이 속한 산업 내의 기업들은 디지털 신기술을 비즈니스에 접목하고 테스트할 조직과 인력이 있다.		
고객 경험 증대(7)	우리 조직은 고객 데이터 통합에 디지털 기술과 솔루션으로 혁신의 기회나 강도가 크다.		
	우리 조직은 고객 데이터와 정보의 최신성이 항상 유지에 디지털 기술과 솔루션으로 혁신의 기회나 강도가 크다.		

항목	체크리스트	유무	평가
고객 경험 증대 (7)	우리 조직은 고객의 개인화 및 맞춤형 서비스에 디지털 기술과 솔루션으로 혁신의 기회나 강도가 크다.		
	우리 조직은 고객 접점 채널에서 디지털 기술과 솔루션으로 혁신의 기회나 강도가 크다.		
	우리 조직은 마케팅(캠페인) 활동에서 디지털 기술과 솔루션으로 혁신의 기회나 강도가 크다.		
	우리 조직은 영업 활동에서 디지털 기술과 솔루션으로 혁신의 기회나 강도가 크다.		
	우리 조직은 고객 서비스 활동에서 디지털 기술과 솔루션으로 혁신의 기회나 강도가 크다.		
협업과 정보 관리 (4)	우리 조직은 협업에 디지털 기술과 솔루션으로 혁신의 기회나 강도가 크다.		
	우리 조직은 온라인에서 정보나 지식의 통합적 활용에 디지털 기술과 솔루션으로 혁신의 기회나 강도가 크다.		
	우리 조직은 필요한 지식과 정보 검색과 획득에 디지털 기술과 솔루션으로 혁신의 기회나 강도가 크다.		
	우리 조직의 승인 프로세스에 디지털 기술과 솔루션으로 혁신의 기회나 강도가 크다.		

디지털 혁신 영역에서 기회나 영향도 평가 결과(B)와 현재 수준(A) 비교

항목	체크리스트	현재(A)	기회(B)	차이 (A–B)
운영 효율성 혁신(16)	업종 특성 프로세스의 디지털 기술과 솔루션			
	연구개발부터 생산까지 수직적 프로세스 통합			
	공급망 관리부터 고객 납품까지 수평적 프로세스 통합			
	연구개발, 설계를 디지털 기술과 솔루션으로 처리			
	수요 예측 및 조사를 디지털 기술과 솔루션으로 처리			
	주문 처리를 디지털 기술과 솔루션으로 처리			
	구매 처리, 재고 관리를 디지털 기술과 솔루션으로 처리			
	생산 작업 지시, 제조 공정, 실적 관리를 디지털 기술과 솔루션으로 처리			
	품질 관리를 디지털 기술과 솔루션으로 처리			
	자산, 설비 관리를 디지털 기술과 솔루션으로 처리			

항목	체크리스트	현재(A)	기회(B)	차이 (A-B)
운영 효율성 혁신(16)	수금, 지급 처리를 디지털 기술과 솔루션으로 처리			
	원가 및 수익성 분석을 디지털 기술과 솔루션으로 처리			
	마감과 결산을 적시에, 적절하게 수행			
	인사 및 급여 관리를 디지털 기술과 솔루션으로 처리			
	운영 프로세스로부터 데이터의 정합성 확보			
	원하는 시기에, 원하는 데이터를 수집, 가공			
비즈니스 모델 혁신(6)	디지털 기술에 의한 제품과 서비스의 혁신에 대한 관심			
	기존 제품과 서비스에 디지털 기술(센서, 인공지능, 로봇, 빅데이터 등)을 접목			
	디지털 기술 접목을 통한 신제품, 신기술에 의한 비즈니스 창출 시도			
	디지털 채널을 통해 가치 전달 방식의 변화 시도			
	디지털 기술을 활용한 융합 시도			
	디지털 신기술을 비즈니스에 접목하고 테스트할 조직과 인력			
고객 경험 증대 (7)	고객 데이터가 통합되어 데이터베이스 내에 관리			
	고객 데이터와 정보의 최신성이 항상 유지			
	고객의 개인화 및 맞춤형 서비스가 가능			
	고객 접점 채널에서 디지털 기술이나 솔루션을 활용			
	디지털 기반 마케팅(캠페인) 활동			
	디지털 기반 영업 활동			
	디지털 기반 고객 서비스 활동			
협업과 정보 관리 (4)	협업 등을 위한 디지털 기술이나 솔루션을 활용			
	온라인에서 정보나 지식을 통합적으로 관리하고 활용			
	필요한 지식과 정보를 즉시 검색, 획득할 수 있는 환경			
	승인 프로세스와 승인자를 통해 온라인에서 처리			

4. 디지털 기술과 솔루션 체크리스트

항목	평점(5점 만점)	평가
디지털기술과 솔루션 이해도(3)		
디지털 기술과 솔루션의 활용(11)		

(A) 디지털 기술과 솔루션에 대한 현재 수준 평가

항목	체크리스트	유무	평가
디지털 기술과 솔루션 이해도 (3)	우리 조직은 디지털 기술과 솔루션에 대한 이해도가 높다.		
	우리 조직은 디지털 기술과 솔루션에 대한 도입의 가치를 이해하고 있다.		
	우리 조직은 디지털 전략과제를 위한 기술과 솔루션의 적절한 연계를 이해하고 적용하고 있다.		
디지털 기술과 솔루션의 활용(11)	우리 조직은 데이터의 관리 및 분석이 용이한 환경을 구축하고 있다.		
	우리 조직은 사용료 기반 클라우드를 적극적으로 활용하고 있다.		
	우리 조직은 모바일 환경을 적극적으로 활용하고 있다.		
	우리 조직은 소셜미디어를 적극적으로 활용하고 있다.		
	우리 조직은 인공지능 기술을 적극적으로 활용하고 있다.		
	우리 조직은 사물인터넷 기술을 적극적으로 활용하고 있다.		
	우리 조직은 블록체인 기술을 적극적으로 활용하고 있다.		
	우리 조직의 홈페이지는 주기적으로 업데이트되어 관리되고 있다.		
	우리 조직은 보안을 위한 기술과 솔루션을 적극적으로 활용하고 있다.		
	우리 조직의 문서나 정보는 디지털화되어 있다.		
	우리 조직은 디지털화를 위한 전체 솔루션 구성을 정의하고 관리하고 있다.		

(B) 디지털 기술과 솔루션의 도입 기회나 영향도에 대한 수준 평가

항목	체크리스트	유무	평가
디지털 기술 및 솔루션 (7)	우리 조직은 데이터의 관리 및 분석이 혁신의 기회나 강도가 크다.		
	우리 조직은 사용료 기반 클라우드가 혁신의 기회나 강도가 크다.		
	우리 조직은 모바일 환경 구축이 혁신의 기회나 강도가 크다.		
	우리 조직은 소셜미디어 활용이 혁신의 기회나 강도가 크다.		
	우리 조직은 인공지능 기술이 혁신의 기회나 강도가 크다.		
	우리 조직은 사물 인터넷기술이 혁신의 기회나 강도가 크다.		
	우리 조직은 블록체인 기술이 혁신의 기회나 강도가 크다.		

디지털 기술과 솔루션의 도입 기회나 영향도 평가 결과(B)와 현재 수준(A) 비교

항목	체크리스트	현재A)	기회(B)	차이(A–B)
디지털 기술 및 솔루션 (7)	데이터의 관리 및 분석			
	사용료 기반 클라우드			
	모바일 환경 구축			
	소셜미디어 활용			
	인공지능 기술			
	사물인터넷 기술			
	블록체인 기술			

5. 디지털 인적역량과 조직문화 체크리스트

항목	평점(5점 만점)	평가
인적역량(6)		
조직문화(12)		

항목	체크리스트	유무	평가
인적역량 (6)	우리 조직의 인력은 디지털 트렌드와 변화에 대한 이해도가 높다.		
	우리 조직의 인력은 디지털 혁신을 위한 교육 기회를 충분히 제공받고 있다.		
	우리 조직의 인력은 디지털 기술을 활용해 일하는 방식을 변화시키려 노력한다.		
	우리 조직의 인력은 디지털 기술이나 솔루션을 잘 활용한다.		
	우리 조직은 디지털 인재 확보를 위해 노력한다.		
	우리 조직은 디지털 혁신을 위한 지지자들을 구성하고 있다.		
조직문화 (12)	우리 조직은 신규 디지털 기술과 솔루션에 대한 개방성이 높다.		
	우리 조직은 디지털 혁신에 대한 수용성이 높다.		
	우리 조직은 구성원의 디지털 수용도를 평가하고 변화를 관리한다.		
	우리 조직은 트렌드나 새로운 기술, 솔루션의 변화에 민감하다.		
	우리 조직은 빠른 시도를 위한 애자일, 린 방식, 파일럿 방식을 사용한다.		
	우리 조직은 기꺼이 위험을 감수하고자 한다.		
	우리 조직은 혁신에 대한 적절한 보상체계를 보유하고 있다.		
	우리 조직은 내부의 관련 부서간 효율적으로 협력한다.		
	우리 조직은 개방적으로 의사소통한다.		
	우리 조직은 구성원의 참여를 촉진한다.		
	우리 조직은 구성원의 아이디어를 수렴할 다양한 방안을 가지고 있다.		
	우리 조직은 외부의 파트너(대학, 연구소, 공공기관, 협력사 등)와 효과적으로 협력한다.		

— PART 1

- 나심 니콜라스 탈레브, 블랙 스완(0.1%의 가능성이 모든 것을 바꾼다), 동녘사이언스, 2008.10.24
- 니콜라스 네그로폰테, 디지털이다Being Digital, 커뮤니케이션북스, 2014.06.30.
- 4차 산업혁명 시대 중소기업의 현주소, 디지털타임즈, 2017년 5월 23일자 재인용
- 산업통상자원부, 주요 유통업체 매출 증감률 현황(연, 2005 ~ 2018), http://www.index.go.kr/
- 삼송캐스터, 스마트공장 구축하며 제조현장 혁신 선도, 서울신문, 2017.09.12
- 스마트제조 혁신, 한국의 등대공장을 찾아서, 전자신문, 2019.07.31
- 시스코, 아태지역 중소기업 디지털 성숙도 조사 보고서, 2019.07.10
- 앤드류 그로브, 승자의 법칙, 한국경제신문사(한경비피), 2003. 04.30
- 중소기업기술정보진흥원, 2017년 중소기업정보화수준조사, 2018년
- 중소기업중앙회, '2019년 중소기업 경기전망 및 경영환경조사' 결과
- 최재붕, 포노 사피엔스 스마트폰이 낳은 신인류, 쌤앤파커스, 2019.03.11
- 한국정보산업연합회, 국내 기업의 디지털 트랜스포메이션 인식 조사, 2017.09

- Anuj Nawal, What Is A Reverse Auction & How Does It Work?, July 9th, 2018
- Bain & Company, 'Leading to Digital Transformation', 2014
- Bell, David E., Forest Reinhardt, and Mary Shelman. "The Climate Corporation." Harvard Business School Case 516-060, February 2016
- Cisco, Cisco APAC SMB Digital Maturity Index, March 2019
- Future Factory: How Technology Is Transforming Manufacturing, https://www.cbinsights.com, June 27, 2019
- Joe Weisenthal, 5th Avenue, 1900 Vs. 1913, Mar. 31, 2011
- McKinsey, Enduring Ideas: The three horizons of growth, McKinsey Quarterly,

December 2009
- Planet of the phones, The Economist, Feb. 26, 2015
- Scott D. Anthony, S. Patrick Viguerie, Evan I. Schwartz and John Van Landeghem, Corporate Longevity Forecast: Creative Destruction is Accelerating, innosight, 2018
- Simon Kemp, DIGITAL IN 2018: World's Internet Users Pass The 4 Billion Mark, https://wearesocial.com, January 30, 2018
- Tyler, Blockbuster: It's Failure and Lessons to Digital Transformers, February 2, 2017

- http://blog.emgage.com/digital-transformation-statistics/
- http://mannacea.com (만나CEA 홈페이지)
- http://pjems.co.kr (피제이전자 홈페이지)
- http://www.e-frontec.co.kr (프론텍 홈페이지)
- http://www.samsongcaster.com (삼송캐스터 홈페이지)
- https://digital.hbs.edu
- https://www.macrotrends.net
- https://stripes.co.kr (스트라입스 홈페이지)

— PART 2

- 경기도·SK C&C 최대 2600개 중소기업에 클라우드 무료 지원, IT조선, 2019.04.16
- '구매'하던 고객 '구독'하게 하라, MK The Biz Times, 2018.09.28
- 국민은행, '디지털서식관리' 본격 개발 착수, BI Korea, 2017.05.24
- 금융권, 혁신 몸부림… 애자일 조직 도입, 한국경제매거진 제164호, 2019년 01월
- 김진호, 최용주, 빅데이터 리더십 (제4차 산업혁명 시대 디지털 혁신을 위한 리더의 조건), 북카라반, 2018년 7월 25일
- 김창희, 이규석, 김수욱, 사례 연구를 통한 B2C 역경매 사업 모델의 성공 요인 분석, 한국IT

서비스학회지, 2016년 9월
- 노규성 외, 4차산업혁명시대의 경영정보시스템, 광문각, 2019년 3월 26일
- 노규성, 플랫폼이란 무엇인가, 커뮤니케이션북스, 2014년 4월 15일
- BBQ제너시스 그룹, 디지털 비전 선포식 개최, 매일경제, 2018.04.03
- 데이비드 로저스David Rogers, 디지털 트랜스포메이션 생존 전략, 에이콘, 2018년 08월 30일
- 디지털화는 사람부터… 미래에셋, 전직원 디지털교육. 헤럴드경제, 2019.07.09.
- 디지털 혁신 이끌자… 은행권, '애자일 스쿼드' 도입 확산, 데일리안, 2017.08.16.
- 발레리 로건, 조직의 '데이터 리터러시'가 미래를 결정짓는다, CIO 매거진, 2018.12.14., http://www.ciokorea.com
- 신한금융, '애자일' 조직 도입 본격 착수, 이데일리, 2018.07.13
- 아태 지역 디지털 트랜스포메이션 영향력 및 준비도 보고서, CA 테크놀로지스, 2018
- 아모레퍼시픽, '디지털 융합 경영' 본격화... "온오프라인 리테일 혁신", 조선비즈, 2017.05.25.
- 이시바시 다케후미(출판 칼럼리스트), 일본 도서출판 유통 사례, 출판사-서점 간 직거래, 해외출판동향 Vol 6, 한국출판문화산업진흥원, 2017.11.01
- 카이스트 나와 돼지고기 파는 청년 '정육각' 김재연 대표, 중앙일보, 2017.04.09
- 포스코, 세계 철강사 최초 인공지능 기술 적용, 월간 FA저널, 2017.04.01
- 하나금융, 디지털 비전 '손님 중심 데이터 기반 정보회사' 선포, 대한금융신문, 2018.10.30
- 한 사람을 위한 기술, 3D 프린팅 맞춤형 전자의수 - Mandro, http://www.3dpcl.com/archives/1183, 2018.01.22
- 황인경, 디지털 트랜스포메이션 시대 인사·조직 운영 전략, 엘지경제연구원, 2017.02.17

- Amy Konary, 5 Stages of the subscription business model, https://www.zuora.com
- Arthur D. Little, Digital Transformation - How to Become Digital Leader Study Results, 2015
- Chesbrough, H. W., & Appleyard, M. M. (2007). Open Innovation and Strategy. California Management Review, 50(1), 57-76
- Dan Roberts and Larry Wolff, Monsanto: Driving digital leadership to elevate the business (and feed the world), CIO magazine, 24 September 2018

- Falon Fatemi, Why Design Thinking Is The Future Of Sales, Forbes, Jan 15, 2019
- Frederik Pferdt, This is the Way Google & IDEO Foster Creativity, https://www.ideou.com
- Gerald C. Kane, Doug Palmer, Anh Nguyen Phillips, David Kiron, and Natasha Bujckley, Aligning the Organization for its Digital Future, MIT Sloan Management Review, 2016. 7. 26
- Industry 4.0, How to navigate digitization of the manufacturing sector, McKinsey Digital, 2015
- Jacques Bughin, Tanguy Catlin, Martin Hirt, and Paul Willmott, Why digital strategies fail, McKinsey Quarterly, January 2018
- James C. Collins and Jerry I. Porras, Building Your Company's Vision, Harvard Business Review, September/October, 1996
- Jeff Dyer and Hal Gregersen, Tesla's Innovations Are Transforming The Auto Industry,forbes, Aug 24, 2016
- Jim Swanson and Naveen Singla, Inside Monsanto's Digital Transformation,(https://www.datascience.com), July 16, 2018
- Kelvin Claveria, 4 Digital Transformation Strategy Examples & What You Can Learn from Them, https://www.visioncritical.com, April 25, 2019
- Laura Mullan, The world subscribed: How tech firm Zuora is powering the subscription economy and the end of own, Gigabit Magazine, Apr 09, 2019
- Martin Gill and Shar VanBoskirk, The Digital Maturity Model 4.0 Benchmarks: Digital Business Transformation Playbook, Forrester research, January 22, 2016
- Matt Weinberger, 'There are only two rules' — Facebook explains how 'hackathons,' one of its oldest traditions, is also one of its most important, https://www.businessinsider.com, Jun. 11, 2017
- McKinsey, Reinvention through digital, Digital/McKinsey: Insights, July/August 2017
- McKinsey Digital, Raising your Digital Quotient, December 2015
- Megan Schires, The Golden Age of 3D Printing: Innovations Changing the

Industry, archdaily, 11 January, 2019

- Meghana, Stitchfix: The Data-Driven Stylist, https://digital.hbs.edu, April 5, 2017
- MIT & Deloitte Digital, Moving digital transformation forward, Infographic, 2016
- Monsanto, Digital Agriculture vision
- Simon Alvarez, Tesla is one of the world's Most Innovative Companies, says noted consulting firm, https://www.teslarati.com, March 28, 2019
- South Australian Government, Digital Transformation Toolkit Guide Version 4.2
- Suman Bhattacharyya, A Japanese coffee shop will give you free coffee in exchange for your data, August 30, 2018
- Susan Caminiti, AT&T's $1 billion gambit: Retraining nearly half its workforce for jobs of the future, CNBC.com, MAR 13 2018
- 3D Printing AND The Future of Supply Chains, DHL Customer Solutions & Innovation, November 2016
- 6 Elements of a Successful Digital Transformation Strategy, https://www.import.io, June 25, 2018
- Stelios Kavadias, Kostas Ladas, Christoph Loch, The Transformative Business Model, Harvard Business Review, October 2016
- The Design Sprint, https://www.gv.com/sprint/
- What Makes Tesla Innovative - and What Does This Teach Us?, https://park-it-solutions.com/makes-tesla-innovative/
- WMG, An Industry 4 readiness assessment tool, International Institute for Product and Service Innovation, University of Warwick, 2017
- World Economic Forum, McKinsey & Company, Fourth Industrial Revolution Beacons of Technology and Innovation in Manufacturing, January 2019

- http://storybydata.com/tag/anticipatory-shipping/
- http://www.hanatour.com (하나투어 홈페이지)
- http://www.yoonsupchoi.com/2018/03/27/vuno-bone-age/
- https://blog.skcc.com/3438

- https://lego-discounter.com/
- https://mgmresearch.com/
- https://mydecorative.com/hapifork/
- https://netflixcompanyprofile.weebly.com/
- https://www.amazon.com (아마존 홈페이지)
- https://www.caterpillar.com (캐터필러 홈페이지)
- https://www.factset.com/
- https://www.ge.com (제너럴 일렉트릭 홈페이지)
- https://www.jeongyookgak.com (정육각 홈페이지)
- https://www.loreal.com (로레알 홈페이지)
- https://www.starbucks.com (스타벅스 홈페이지)
- https://www.woowahan.com (우아한 형제들 홈페이지)
- https://www.zuora.com (주오라 홈페이지)
- mand.ro (만드로 홈페이지)
- www.hongjincorp.co.kr (홍진실업 홈페이지)

— PART 3

- 데이비드 로저스David Rogers, 디지털 트랜스포메이션 생존 전략, 에이콘, 2018년 08월 30일
- 로저 마틴, 디자인 씽킹 바이블 (비즈니스의 디자인), 유엑스리뷰UXREVIEW, 2018.01.22
- 마이클 루릭, 패트릭 링크, 래리 라이퍼, 디자인 씽킹 플레이북 : 불확실성을 기회로 바꿔야 하는 퍼스트 무버를 위한 실용 가이드, 프리렉, 2018년 10월
- 알렉산더 오스터왈더, 예스 피그누어, 비즈니스 모델의 탄생 (상상과 혁신 가능성이 폭발하는 신개념 비즈니스 발상법), 타임비즈, 2011.10.01
- 스마트공장 더 나은 내:일이 보이다(2017 스마트공장 지원사업 참여기업 우수사례집), 중소벤처 기업부, 민관합동스마트공장추진단, 2018년 3월 28일
- 이민석, 신수철, 손건, 홍승환, 해커톤 매뉴얼, KMU-OSS-Laboratory, 국민대 오픈핵(소프트웨어 중심대학 오픈소스 해커톤), (https://github.com/KMU-OSS-Laboratory/

Hackathon-Manual/blob/master/manual.md)

- 이병남, 비즈니스 모델의 유형과 함정, 과거 아이디어의 덫에서 과감히 벗어나라, 동아비즈니스리뷰, 2011년 1월
- 정욱아, '기업의 디지털 혁신을 선도하는 로보틱 프로세스 자동화 활용방안: IBM RPA 전략 및 주요사례', 한국IBM, 2018.11.29
- 정제호, 주 52시간 시대의 해법, RPA를 주목하라 – 도입 시 주요 고려 사항을 중심으로, POSRI 이슈리포트, 포스코경영연구원, 2019.02.21
- 조지 웨스터먼, 디디에 보네, 앤드루 맥아피, 디지털 트랜스포메이션 [4차 산업혁명, 당신의 기업은 무엇을 준비해야 하는가?], e비즈북스, 2017년 01월 20일
- 최동진, Online to Offline(O2O) 개발방법론에 관한 연구, Asia-pacific Journal of Multimedia Services Convergent with Art, Humanities, and Sociology Vol.8, No.1, January (2018)
- 하정훈, RPA(Robotic Process Automation) 현재 어디까지 와있는가?, 유니포인트, CIO Summit 2019, 2019.02.21

- Alvin, O2O: A breakdown of Online-to-Offline Business (https://blog.magestore.com/online-to-offline), August 9, 2018
- Femi Osinubi, Looking into the Future, Leveraging the Power of AI and Robotics, PWC, July 2018
- Frontier Economics, Reducing violence and aggression in A&E: Through a better experience, Frontier Economics Ltd, November 2013
- Zhenya Lindgardt, Martin Reeves, George Stalk, Business Model Innovation, The Boston Consulting Group, December 2009,

- http://www.abetteraande.com/#homepage
- https://www.goodnewsnetwork.org/

— PART 4

- 파나시아 홈페이지(www.worldpanasia.com)
- 파나시아 PaSOx Smart v2.0 소개서
- 파나시아 현장 인터뷰 결과(2019. 05. 21, 06.18)
- 〈이달의 혁신 기업〉 '파나시아' 스마트공장으로 매출 9배 늘리면서도 고용 두 배 효과, 생산성저널(한국일보, 한국생산성본부), 2019.06.03

- 한국생산성본부 홈페이지(www.kpc.or.kr)
- 한국생산성본부 디지털 트랜스포메이션 프로젝트 관련 자료

— PART 5

- 투이컨설팅, Y 세미나 '디지털 탈바꿈 의식수준 조사', 2018년 9월

- Dion Hinchcliffe, Digital transformation in 2019: Lessons learned the hard way, www.zdnet.com, October 11, 2018
- Gerald C. Kane, Is the Right Group Leading Your Digital Initiatives?, sloanreview.mit.edu, August 03, 2018
- Vaasu S. Gavarasana, Digital Lipstick on a Legacy Pig !: A Practitioner's Personal Notes on Digital Transformation Paperback, CreateSpace Independent Publishing Platform, December 02, 2016

- https://econsultancy.com/the-essential-first-step-toward-digital-transformation/
- https://marketoonist.com/
- https://www.meetup.com/ko-KR/Practical-UX/events/262839800/
- https://www.scalar.ca/en/digital-transformation-not-another-enormous-project-2/

DIGITAL

SMALL

GIANTS

디지털 스몰 자이언츠

디지털 강소기업을 향한 위대한 도전

1판 1쇄 인쇄 2019년 12월 15일
1판 1쇄 발행 2019년 12월 25일

지은이 노규성
발행인 김태일
발행처 ㈜한생미디어

등록번호 제 1-1769호(1994. 9. 7)
주소 서울시 종로구 새문안로5가길 32
전화번호 02)738-2036(편집부)
02)738-4900(마케팅부)
팩스 02)738-4902

이메일 kpcbook@kpc.or.kr
홈페이지 www.kpc.or.kr

ISBN 978-89-8258-000-0
가격 16,000원